国家级水产科学实验教学示范中心——水产类实验系列教材

观赏水族疾病防治学实验指导

潘连德　编著

科学出版社
北　京

内 容 简 介

　　本书是水族科学与技术专业的本科生教学计划中的必修课程"观赏水族疾病防治学"实验课程指导用书,包括 23 个实验,内容涵盖了水族宠物病原、病理、寄生虫的检验和识别等。

　　本书可供水族科学与技术、水产养殖、兽医、检验检疫等专业师生学习与参考。

图书在版编目(CIP)数据

观赏水族疾病防治学实验指导/潘连德编著.—北京:科学出版社,2013.9
ISBN 978 - 7 - 03 - 038496 - 6

Ⅰ.①观… Ⅱ.①潘… Ⅲ.①观赏鱼类-鱼病-防治-高等学校-教材 Ⅳ.①S943.8

中国版本图书馆 CIP 数据核字(2013)第 204441 号

责任编辑:陈　露　封　婷 / 封面设计:殷　靓
责任印制:徐晓晨

科 学 出 版 社 出版
北京东黄城根北街 16 号
邮政编码:100717
http://www.sciencep.com

北京京华虎彩印刷有限公司 印刷
科学出版社发行　各地新华书店经销

*

2013 年 9 月第 一 版　开本:787×1092　1/16
2015 年 7 月第三次印刷　印张:5
字数:109 000

定价:25.00 元
(如有印装质量问题,我社负责调换)

目　录

实验 1　细菌性疾病病原的分离与检验

【实验目的】

1. 掌握平板划线法分离、培养及纯化细菌的基本操作技术。

2. 掌握常用细菌检验方法，了解细菌的生化反应实验如糖发酵实验、IMViC 实验及硫化氢实验的原理、方法以及在细菌鉴定中的作用。

【实验原理】

从混杂的细菌群体中获得只含有一种或某一株细菌的过程称为细菌的分离与纯培养。其最常用的方法是平板划线法，即通过蘸有样本的接种环在平板上划线，将样本"稀释"，培养后使之形成单个菌落，从而达到分离的目的。

各种细菌在一定培养条件下形成的菌落具有一定的特征，包括菌落的大小、形状、光泽、颜色、硬度、透明度等，菌落的特征对菌种的识别、鉴定等有一定意义。

细菌的基本形态可分为球状、杆状和螺旋状三种，除细胞壁、细胞膜、细胞质和核质等基本结构外，还有鞭毛、菌毛、芽孢、荚膜等特殊结构，也是辨别、鉴定细菌菌种的重要依据。细菌细胞呈无色半透明状态时，虽可直接在普通光学显微镜下观察，但也只能大致见到其外貌。制成抹片并染色后，则能较清楚地显示其形态和结构，也可以根据不同染色反应，作为鉴别细菌种类的一种依据。因此对细菌的形态和特殊结构的观察，是学习病原微生物学的重要内容。另外，不同的细菌具有不同的酶系统，对糖类和蛋白质的分解能力不同，最终形成的分解代谢产物也不同。因此，通过对代谢产物的检测，也可鉴定细菌的种类。

【实验材料、器具和试剂】

1. 材料

金黄色葡萄球菌、大肠杆菌或嗜水气单胞菌。

2. 器具

接种环、乙醇灯、培养皿、恒温培养箱、载玻片、普通光学显微镜、试管架、试管等。

3. 试剂

牛肉膏蛋白胨平板及斜面培养基、革兰氏染色液、葡萄糖发酵培养基试管、乳糖发酵培养基试管、蛋白胨水培养基、葡萄糖蛋白胨水培养基、柠檬酸盐斜面培养基、醋酸铅培养基等、甲基红指示剂、40％ KOH、5％ α-萘酚、乙醚、吲哚试剂等。

【实验内容】

1. 细菌的分离与纯培养

（1）制备平板

取营养琼脂(PH 7.6)，加热使其溶解，待冷至 45～50℃时，以灭菌操作倒入直径9 cm 的无菌培养皿内，冷却凝固成平板。

（2）划线

在乙醇灯火焰旁无菌挑取一环菌种悬液，在平板上划线。划线完毕后，在培养皿上贴上标签，倒置于25℃培养箱中培养24～48 h。划线步骤如图1-1所示。

  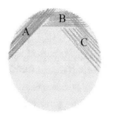 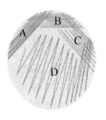

第一步：A区划线　　第二步：B区划线　　第三步：C区划线　　第四步：D区划线

图1-1　平板划线法示范图

（3）纯培养

长出单个菌落后，结合形态学检查，从中挑取可疑菌落接种至斜面，待菌苔长出后，染色观察是否为单一细菌。若不纯，需重复上述纯化过程，直到得到纯培养物。

2. 形态学观察

首先，观察菌落的大小、形状、光泽、颜色、硬度、透明度等菌落特征。接下来，再用显微镜观察单个细菌的形态，步骤如下。

（1）细菌玻片的制备

先用灭菌接种环取少量生理盐水，置于玻片中央，然后再用灭菌接种环取少量待观察的材料，在液滴中混合，均匀涂布成适当大小的薄层，让其自然干燥，或火焰干燥。将干燥好的抹片涂抹面向上，以其背面在乙醇灯外焰上如钟摆样来回拖过数次，略作加热，进行固定。

（2）革兰氏染色

1）初染：在已干燥、固定好的抹片上，滴加草酸铵结晶紫溶液，染色1～2 min，旁流水洗。

2）媒染：加革兰氏碘溶液于抹片上媒染，作用1～3 min，旁流水洗。

3）脱色：加95％乙醇于抹片上脱色，约0.5～1 min，旁流水洗。

4）复染：加稀释的石炭酸品红（或沙黄水溶液）复染10～30 s，旁流水洗。

5）镜检：吸干或自然干燥，光学显微镜镜检。在油镜下观察，被染成紫色者即为革兰氏阳性细菌（G^+），被染成红色者为革兰氏阴性细菌（G^-）。

3. 细菌的糖发酵实验

1）用记号笔在各试管中标明发酵培养基名称和接种时间。

2）取葡萄糖发酵培养基管两支，一支接种细菌，另一支不接种，作为对照。另取两支乳糖发酵培养基管，作同样的操作。

3）置于25℃恒温培养箱中，培养24～48 h。

4）观察颜色变化及有无气体产生。

5）将结果填入表1-1，"○"表示产酸或产气；"＋"表示产酸不产气，"－"表示不产酸不产气。

表 1－1　糖发酵实验结果

发酵糖类	接种细菌试管	对照试管
葡萄糖发酵		
乳糖发酵		

4．IMViC(吲哚、甲基红、伏-普、柠檬酸盐)实验

(1) 接种和培养

用接种针将细菌分别接种于蛋白胨水培养基(吲哚实验)、葡萄糖蛋白胨水培养基(甲基红实验和伏-普实验)和柠檬酸盐斜面培养基,并分别设立对照组,置于 25℃ 环境下培养 2 天。

(2) 结果观察

吲哚实验:在培养 2 天后的蛋白胨水培养基内加 3～4 滴乙醚,摇动数次,静置 1～3 min,待乙醚上升后沿试管壁缓缓加入 2 滴吲哚试剂,如在乙醚和培养物之间产生红色环状物则为阳性反应。

甲基红实验:培养 2 天后,在 1 支葡萄糖蛋白胨水培养基内加甲基红试剂 2 滴,培养基变为红色者为阳性,变黄色者为阴性。

伏-普实验:培养 2 天后,在 1 支葡萄糖蛋白胨水培养基内加入 5～10 滴 40% KOH,然后加入等量的 5% α-萘酚,用力振荡,再放入 25℃ 温箱中保温 5～10 min,以加快反应速度。若培养基呈红色,则为阳性。

柠檬酸盐实验:培养 48 h 后观察柠檬酸盐斜面培养基上有无细菌生长和是否变色,蓝色为阳性,绿色为阴性。

将以上实验结果填入表 1－2。

表 1－2　IMViC 实验结果

菌　名	IMViC 实验			
	吲哚实验	甲基红实验	伏-普实验	柠檬酸实验
接种细菌试管				
对照试管				

5．硫化氢实验

将细菌穿刺接种于醋酸铅培养基上,并设立对照组,25℃ 培养 48 h。有黑色硫化铅产生的为阳性。

【实验报告】

1．描述和绘制菌落特征。

2．记录革兰氏染色结果,并镜检单个细菌的特征。同时按比例大小,绘制所观察标本的形态图(注意细菌颜色、形态、菌端等特征)和特殊结构图。

3．记录细菌的生化反应实验结果。

【注意事项】

1. 在制备细菌抹片时,应注意无菌操作,尤其是接触到病原菌时,需防止细菌污染环境及操作者。

2. 准备细菌抹片玻片时,应注意是否有油渍。如有油渍应及时处理,否则玻片上的细菌不能均匀展开,将影响到细菌的观察。

3. 细菌抹片制备好后,应尽可能自然干燥。如果采用火焰干燥,不要过热,一般采用手背试温,以不烫手为度。

4. 在进行细菌抹片的固定时,应根据不同的标本采用不同的方法。一般纯培养物,常用火焰固定。而组织抹片常用化学方法固定。但采用瑞特氏染色法时,不用专门固定,因为瑞特氏染色液中已含有甲醇。

5. 抹片的固定,并不能保证杀死全部的细菌,也不能完全避免在染色水洗时不将部分细菌冲脱,所以,在处理一些感染性较强的病原菌,特别是带芽孢病原菌的抹片时,应慎重处理染色用过的残液和抹片本身,以免引起病原的散播。

6. 使用光学显微镜时,应注意显微镜的防护措施。

【思考题】

1. 说明普通光学显微镜油镜的使用原理。

2. 说明普通光学显微镜使用的注意事项。

3. 有时革兰氏阳性细菌培养物经革兰氏染色后,菌体被染成了红色;而革兰氏阴性细菌培养物经革兰氏染色后,却出现有混杂蓝紫色细菌的现象,请分析其原因。

4. 为什么必须用培养 24 h 以内的菌体进行革兰氏染色?

5. 要得到正确的革兰氏染色结果,必须注意哪些操作? 哪一步是关键?

实验 2　细菌性疾病病原的药物敏感性实验

【实验目的】

1. 掌握圆纸片扩散法检测细菌对抗菌药物敏感性的操作程序和结果判定方法。

2. 掌握最低抑菌浓度实验的原理和方法。

3. 了解药敏实验在实际生产中的重要意义。

【实验原理】

测定抗菌药物在体外对病原微生物的生长有无抑制作用的方法,称为药敏实验。

在给患传染病动物进行治疗时,测定细菌对药物的敏感性,不仅有助于选择合适的药物,也可为药物的用量提供依据。某种细菌对药物的敏感度,是指抑制该细菌生长所需的最低药物浓度。细菌在体外的敏感度和临床的疗效大体是符合的,但也有不一致者。目前供药敏实验的方法很多,可归纳为两大类,即"稀释法"和"扩散法"。有的以抑制细菌生长为评定结果的标准,有的则以杀灭细菌为标准。一般可报告为某菌对某抗菌药物敏感、轻度敏感或耐药。

1. 稀释法

以一定浓度的抗菌药物与含有被试菌株的培养基进行一系列的不同倍数的稀释,经培养后观察最低抑菌浓度(minimal inhibitory concentration,MIC)和最小杀菌浓度(minimum bactericidal concentration,MBC,杀死 99.9% 的供试菌所需的最低药物浓度)。常用试管法。

2. 扩散法

将浸有抗菌药物的纸片贴在涂有细菌的琼脂平板上,抗菌药物在琼脂内向四周扩散,其浓度呈梯度递减,因此敏感细菌在纸片周围一定距离内的生长受到抑制,形成一个抑菌环(带)。可根据抑菌环的大小,判断细菌对药物的敏感度。抑菌环(带)边缘的药物含量即该药物的敏感度。此法操作简便,容易掌握,但只用于定性,受纸片含药量不均及接种量等多种因素影响,结果不够准确,因此实验时应同时设立已知敏感度的标准菌株作为对照。常用纸片法、挖洞法。

【实验材料、器具和试剂】

1. 材料

金黄色葡萄球菌、大肠杆菌或嗜水气单胞菌。

2. 器具

灭菌棉拭子、试管、平皿、乙醇灯、铂金耳、镊子、麦氏比浊管、1 ml 刻度吸管、橡皮胶头、药敏纸片(制作方法详见实验内容)。

3. 试剂

营养肉汤、营养琼脂、麦康凯琼脂(或 SS 琼脂)、95% 乙醇。

【实验内容】

1. 试管双倍稀释法

（1）抗生素原液的配制及保存

将抗生素制剂无菌操作溶于适宜的溶剂如蒸馏水、磷酸盐缓冲液中，稀释至所需浓度。抗生素的最初稀释剂通常用蒸馏水，但是有些抗生素必须用其他溶剂作初步溶解。常用抗生素原液的溶剂和最初稀释剂见表 2-1。若制剂中可能含有杂菌，配制后宜用细菌滤器过滤除菌（可用玻璃滤器或微孔滤膜，孔径 0.22 μm，但不可用纤维垫滤器）。分装小瓶，在 -20℃ 冷冻状态下保存，可保存 3 个月或更久，每次取出一瓶保存于 4℃ 冰箱，可用 1 周左右。

表 2-1　抗生素原液的溶剂和稀释剂

抗 生 素	溶　　剂	稀 释 剂
丁胺卡那霉素	蒸馏水	蒸馏水
氯苄青霉素	0.1 mol/L PBS(pH 8.0)	0.1 mol/L PBS(pH 8.0)
杆菌肽	蒸馏水	蒸馏水
羧苄青霉素	蒸馏水	蒸馏水
头孢羟唑	蒸馏水	蒸馏水
头孢唑林	蒸馏水	蒸馏水
头孢甲氧霉素	蒸馏水	蒸馏水
头孢菌素 I	0.1 mol/L PBS(pH 8.0)	蒸馏水
氯霉素	甲醇	蒸馏水
氯洁霉素	蒸馏水	蒸馏水
多粘菌素 B 或 E	蒸馏水	蒸馏水
红霉素	甲醇	0.1 mol/L PBS(pH 8.0)
庆大霉素	蒸馏水	蒸馏水
卡那霉素	蒸馏水	蒸馏水
新青霉素 I、II、III	蒸馏水	蒸馏水
青霉素 G	蒸馏水	蒸馏水
萘啶酸	0.1 mol/L NaOH	蒸馏水
链霉素	蒸馏水	蒸馏水
四环素	蒸馏水	蒸馏水
妥布拉霉素	蒸馏水	蒸馏水
万古霉素	蒸馏水	蒸馏水

（2）培养基

一般采用普通肉汤培养基。如细菌生长缓慢，可加入 0.25%～1% 葡萄糖或 5%～10% 血清。

（3）步骤

1）被测菌种悬液的制备：将较多量的菌种移种于肉汤培养管中，置 25℃ 温箱中培养 6 h（生长缓慢者可培养过夜），使生长浊度达 9×10^8 个／ml（相当于麦氏比浊管第 3 管）。

2）抗生素溶液的双倍连续稀释：取 13×100 mm 灭菌带棉塞试管 13 支（管数多少可依具体需要而定）。另将上述菌液作 1∶10 000 倍稀释（生长缓慢的细菌可稀释 1∶1 000或更少），除第 1 管加入稀释菌液 1.8 ml 外，其余各管均各加 1.0 ml。然后在第 1 管中加入抗生素原液 0.2 ml，混合后吸出 1.0 ml 加入第 2 管中，用同法依次稀释至第 12 管，弃去 1.0 ml。第 13 管为生长对照。

培养及结果观察：置于 25℃ 培养 16～24 h，观察结果。凡药物最高稀释管中无细菌生长者，该管的浓度即为 MIC。

3）MBC 的测定：从无细菌生长的各管取材，分别划线接种于琼脂平板培养基，于 25℃ 培养过夜（或 48 h），观察结果。琼脂平板上无细菌生长而含抗生素最少的一管，即为 MBC。也可将上述各管在 25℃ 继续培养 48 h，无细菌生长的最低浓度即相当于该抗生素的 MBC。

4）结果报告：一般以 MIC 作为细菌对药物的敏感度，如第 1～8 管无细菌生长，第 9管开始有细菌生长，则把第 8 管抗生素的浓度报告作为该菌对这种抗生素的敏感度；如全部试管均有细菌生长，则报告该菌对这种抗生素的敏感度大小为第 1 管中的浓度或对该药耐药；如除对照管外，全部都不生长时，则报告为细菌对该抗生素的敏感度等于或小于第 12 管的浓度，或高度敏感。

2．扩散法（K-B 法）

（1）含药滤纸片的制备

含有各种抗菌药物的滤纸片是扩散法中应用最多的。目前，我国生产含药滤纸片的单位不多，购买较为困难，即使购买也易过期失效，所以一般可应用自制的药敏滤纸片。其方法如下。

1）滤纸片的处理：选用新华 1 号定性滤纸，用打孔机打成直径为 6 mm 的小圆片，根据需要将数片包成一纸包或放入带棉塞的小瓶或小平皿内，121℃ 灭菌 15 min，置于 100℃ 干燥箱内烘干备用。

2）药液的配制：常用药物的配制方法及所用浓度，见表 2-2。

表 2-2　药敏纸片的制备及含药浓度

药　物	剂　量	制备方法	药液浓度/(μg/ml)	纸片含量/μg
青霉素	注射用粉剂	取 20 mg 加 pH 6.0 PB 缓冲液 15.5 ml，取 1 ml 加 PB 缓冲液 9 ml	200	20
新青霉素	注射用粉剂	取 20 mg 加 pH 6.0 PB 缓冲液 20 ml	1 000	10
链霉素	注射用粉剂	取 20 mg 加 pH 7.8 PB 缓冲液 8 ml	2 500	25
	注射用针剂	以 pH 7.8 PB 缓冲液作 100 倍稀释	2 500	25
氯霉素	注射用针剂	以 pH 6.0 PB 缓冲液稀释	1 000	10
	口服粉剂	取 20 mg 加水 20 ml 溶解	1 000	10

续　表

药　物	剂　量	制　备　方　法	药液浓度/(μg/ ml)	纸片含量/μg
土霉素	口服粉剂或片剂	25 mg 粉末,加 2.5 mol/L HCl 15 ml 溶解后,以 pH 6.0 PB 缓冲液或水稀释	1 000	10
四环素	口服粉(片)剂	同土霉素	1 000	10
	注射用粉剂	以生理盐水稀释	1 000	10
金霉素	口服片剂	同土霉素	1 000	10
	口服粉剂	以 pH 3.0 PB 缓冲液溶解后以 pH 6.0 PB 缓冲液稀释	1 000	10
新霉素	口服片剂	以 pH 8.2 PB 缓冲液溶解后稀释	1 000	10
红霉素	注射用粉剂	以水溶解,以 pH 7.8 PB 缓冲液稀释	1 500	10
卡那霉素	注射用粉剂	同红霉素	3 000	30
	注射用针剂	以 pH 7.8 PB 缓冲液稀释	3 000	30
庆大霉素	注射用针剂	以 pH 7.8 PB 缓冲液稀释	1 000	10
多粘菌素	注射用粉剂	以 pH 7.2 PB 缓冲液稀释	3 000	300
万古霉素	注射用粉剂	以 pH 7.8 PB 缓冲液稀释	1 000	10
呋喃妥因	粉剂或片剂	以 1 mol/L NaOH 1 ml 溶解 1 片,用 pH 6.0 PB 缓冲液稀释	1 000	10
呋喃西林	粉剂或片剂	以 1 mol/L NaOH 1 ml 溶解 1 片,用 pH 6.0 PB 缓冲液稀释	1 000	10
痢特灵	片剂	以二甲基酰胺或丙酮溶解	1 000	10
磺胺嘧啶钠	粉剂或针剂	以水稀释	10 000	100
磺胺二甲基嘧啶	针剂	以水或 pH 8.2 PB 缓冲液稀释	10 000	100
长效磺胺	片剂	取 100 mg 加 2.5 mol/L HCl 1.25 ml,加水至 5 ml,以 pH 6.0 PB 缓冲液稀释	1 000	100
周效磺胺	片剂	取 100 mg 加水 1 ml,浓 HCl 0.7 ml 溶解,以 pH 8.2 PB 缓冲液稀释	10 000	100
磺胺甲基异恶唑	片剂	取 100 mg 加水 2 ml,浓 HCl 0.5 ml 溶解,以 pH 8.2 PB 缓冲液稀释	10 000	100
磺胺 5-甲氧嘧啶	片剂	取 100 mg 加浓 HCl 1 ml,溶解以 pH 6.0 PB缓冲液稀释	10 000	100
磺胺增效剂	片剂	取 1 片研碎后加水 2 ml,浓 HCl 0.25 ml,以 pH 6.0 及 7.8 PB 缓冲液稀释	125	1.25

　　3) 含药纸片的制备:将灭菌滤纸片用无菌镊子摊布于灭菌平皿中,以每张滤纸片饱和吸水量为 0.01 ml 计,每 50 张滤纸片加入药液 0.5 ml,不时翻动滤纸片,使滤纸片将药液均匀吸净,一般浸泡 30 min 即可。然后取出含药纸片置于一纱布袋中,以真空抽气使之干燥;或直接将滤纸片摊于 25℃ 温箱中烘干,烘烤的时间不宜过长,以免某些抗生素失效。对青霉素、金霉素等纸片的干燥宜用低温真空干燥法。干燥后,立即装入无菌的小瓶中加塞,置于干燥器内保存,也可将纸片贮藏于 -20℃ 或家用冰箱冰冻。少量供工作用的纸片从冰箱中取出后应在室温中放置 1 h,使纸片温度和室温平行,防止冷的纸片遇热产生凝结水。

4) 药敏纸片的鉴定：取制好的纸片 3 张,以标准敏感菌株测其抑菌环,大小符合标准者则为合格。纸片的有效期一般为 4~6 个月。

（2）操作方法

K-B 法是用含有一定量抗生素的药敏纸片,贴在已接种实验细菌的琼脂平板上,经 37℃ 培养后,抗生素浓度梯度通过纸片上弥散作用而形成。在敏感抗生素的有效范围内,细菌的生长受到抑制,在有效范围外,细菌能够生长,故能形成一个明显的抑菌环。以抑菌环的大小来判定实验菌对某一抗生素是否敏感及敏感程度。

1) 用接种环挑取菌落 4~5 个,接种于肉汤培养基中,置于 25℃ 培养 4~6 h。

2) 菌液稀释：用灭菌生理盐水稀释培养液使浊度相当于硫酸钡标准管(配制方法： 1.175% 氯化钡 0.5 ml、1% 硫酸溶液 99.5 ml,充分混匀,将此溶液置于与肉汤培养基相同的试管中,用前充分振摇)。

3) 用无菌棉拭子蘸取上述肉汤培养液,在管壁上挤压,除去多余的液体,用棉拭子涂满琼脂表面,盖好平皿,在室温下干燥 5 min,待平板表面稍干即可放置含药纸片。

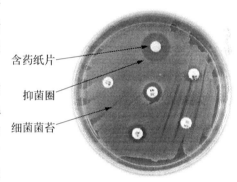

含药纸片
抑菌圈
细菌菌苔

4) 用灭菌镊子以无菌操作取出含药纸片贴在涂有细菌的平板培养基表面。一个直径 9 cm 的平皿最多只能贴 7 张纸片,6 张纸片均匀地贴在离平皿边缘 15 mm 处,1 张位于中心。贴纸片时要轻轻按压,以保证其与培养基充分接触。最后,将平皿放 25℃ 恒温箱,培养 16~18 h,观察结果(图 2-1)。

图 2-1　抑菌圈图示

5) 结果判定：观察含药纸片周围有无抑菌环,量取其直径(包括纸片直径)大小,用毫米数记录,按抑菌环直径的大小报告敏感、中度敏感和耐药,具体标准见表 2-3。

表 2-3　抗菌药物的抑菌环与敏感标准

抗菌药物	每片含药量/μg	抑菌环的直径/mm		
		耐　药	中等敏感	敏　感
丁胺卡那霉素	10	≤11	12~13	≥14
先锋霉素 I	30	≤14	15~17	≥18
氯霉素	30	≤12	13~17	≥18
氯林可霉素	2	≤14	15~16	≥17
黏菌素	10	≤8	9~10	≥11
复方甲氧异恶唑	25	≤10	11~15	≥16
红霉素	15	≤13	14~17	≥18
庆大霉素	10	≤12	13~14	≥15
卡那霉素	30	≤13	14~17	≥18
甲氧苯青霉素	5	≤9	10~13	≥14

续　表

抗菌药物		每片含药量/μg	抑菌环的直径/mm		
			耐　药	中等敏感	敏　感
萘啶酸		30	≤13	14~18	≥19
新霉素		30	≤12	13~16	≥17
呋喃妥因		300	≤14	15~16	≥17
苯唑青霉素		1	≤10	11~12	≥13
青霉素G	葡萄球菌	10	≤20	21~28	≥29
	其他细菌	10	≤11	12~21	≥22
多黏菌素B		300	≤8	9~11	≥12
链霉素		10	≤11	12~14	≥15
磺胺		300	≤12	13~16	≥17
四环素		300	≤12	13~18	≥19
妥布拉霉素		10	≤11	12~13	≥14
万古霉素		30	≤9	10~11	≥12
氯洁霉素		2	≤14	15~16	≥17

【实验报告】

1. 记录稀释法实验结果,并判定药物对大肠杆菌等细菌的 MIC 和 MBC。

2. 记录 K‐B 法实验结果,并判断大肠杆菌等细菌对药物的敏感、中度敏感和耐药性。

【注意事项】

1. 稀释法

1)接种细菌量的多少与 MIC 有一定关系。如用敏感的葡萄球菌对氯苄青霉素进行检测时,接种量增加 1 000 倍,MIC 只略有增加,但其对甲氧苯青霉素的敏感度则因接种量的不同而有较大变化,即使同一菌株,接种量小时为敏感,接种量增大时,其 MIC 则增加许多倍。

2)培养基的组成成分应保持恒定,外观清晰透明,pH 适宜。为了观察方便,还可向各管中加入葡萄糖及指示剂,以指示剂颜色的改变判定其是否生长。同时要注意选择适宜的培养温度,一般在 12~18 h 观察药敏实验结果。如放置时间过长,细菌将会在高浓度的药物中生长,一是由于被轻度抑制的细菌开始繁殖,二则是因为有些抗生素在 25℃ 情况下不稳定,在其被破坏之后,受抑制的细菌也会再次生长繁殖。

3)对于一些色泽深或本身呈混浊状态的中草药,其试管培养后不易观察细菌的生长情况。可从培养管移至平板培养基上,观察各管中的细菌是否被杀死。这种方法只能测定药物的最低杀菌浓度。

4)稀释时,每一个稀释度均应更换吸管。菌液及抗生素的加量要准确。

2. 扩散法

1)K‐B 纸片扩散法必须使用 Mueller‐Hintion(MHA)培养基,因其解释度的数据是用此培养基积累的,MHA 培养基用普通冰箱可保存 2～3 周,用前须放 25℃ 10 min,以使形成的水雾干燥。此培养基适合于快速生长的细菌,生长缓慢的细菌或厌氧菌,不宜采用 K‐B 技术及其解释标准。

2) 接种用的菌液浓度必须标准化,以细菌在平板上的生长恰呈融合状态为标准,接种后应及时贴上含药纸片和放入 25℃(或 30℃)培养。

3) 培养的温度要恒定,时间为 16～18 h,结果不宜判读过早也不宜过迟,因培养过久,细菌能恢复生长,使抑菌环变小。培养时不应增加 CO_2,以防某些抗菌药物形成的抑菌圈大小发生改变及影响培养基的 pH。

【思考题】

1. 纸片法药敏实验操作时应注意什么?

2. 试述药敏实验的意义。

实验 3　细菌性疾病病原的致病性实验

【实验目的】

1. 掌握常用细菌性病原致病性的检测方法。
2. 掌握凝固酶实验的基本原理和方法。
3. 掌握实验动物接种实验的操作步骤和方法。

【实验原理】

细菌的致病能力称为致病力或毒力。致病力的强弱就细菌本身而言,主要取决于侵袭力和毒素两方面。通常测定方法有血浆凝固酶实验和实验动物接种实验。

血浆凝固酶是一种能使含有枸橼酸钠或肝素等抗凝剂的血浆发生凝固的酶类物质。凝固酶有两种:一种是分泌至菌体外的,称为游离凝固酶(free coagulase);另一种凝固酶结合于菌体表面而不释放出来,称为结合凝固酶(bound coagulase)或凝聚因子(clumping factor),不需要血浆协和因子的作用,而是直接作用于纤维蛋白原,使之变成纤维蛋白,将细菌凝聚在一起。游离凝固酶采用试管法检测,结合凝固酶则以拨片法测试。

对实验动物进行接种也是很有效的检测细菌毒力的方法。一般常用的注射途径有皮内、皮下、腹腔与静脉四种。水族动物一般常用静脉注射法。

【实验材料、器具和试剂】

1. 材料

待检菌种、实验动物。

2. 器具

载玻片、接种环、吸管、滴管、小试管、水浴箱、注射器、针头、乙醇棉花、消毒干棉花等。

3. 试剂

血浆、生理盐水、无菌肉汤、灭菌生理盐水。

【实验内容】

1. 凝固酶实验

(1) 玻片法

1) 取干净载玻片一块,用滴管取生理盐水于玻片两端各放一小滴。

2) 用接种环取菌种的菌苔少许,轻轻摇匀于玻片左侧的盐水中。

3) 在玻片左右两侧菌液中各加血浆 1 滴,轻轻摇匀。

4) 于 1 min 内观察结果,若细菌凝集成颗粒状则为凝固酶阳性。

凝集速度取决于细菌和血浆浓度的比例,若使用稀释的血浆,阳性反应速度减慢,未稀释的血浆和菌的浓度相当时,一般 5～6 s 凝集。

(2) 试管法

1) 取干净小试管 2 只,依次编号,每管加入 1∶4 的血浆 0.5 ml。

2) 在第 1 管中加入菌液 0.5 ml,第 2 管加入 0.5 ml 的无菌肉汤。

3）将两管置 25℃水浴中,每隔 30 min 观察一次,于 3 h 内凝固者为阳性。

2. 实验动物接种实验

（1）注射器的准备与消毒

1）选择大小适当而针筒与筒心号码一致的注射器,并先吸入清水,试其是否漏水,漏水的注射器不能使用,因其注射量不准确,而且若注射材料为病原菌,则会污染环境。

2）视选择的动物及注射途径之不同而选用不同长短大小的针头,并先实验是否通气或漏水(由于市售针头大小的编号比较混乱,本部分实验一般用老编号或直接用长短来表示)。

3）消毒时将筒心从针筒中拔出,用一块纱布先包针筒,后包筒心,并使两者在纱布内的方向一致,包好后,置煮沸消毒器中。选好的针头包以纱布,置煮沸消毒器之另一端。同时放入镊子一把,加入自来水,以淹没注射器为度,煮沸消毒 10 min。

4）消毒完毕后,用镊子取出注射器,置筒心于针筒中,并将针头牢固地装于注射器的针嘴上,使针头的斜面与针筒上的刻度在一条直线上。

5）吸入注射材料,并将注射器内的空气排尽,若注射材料具有传染性,则排气时应以消毒棉花包住针头,以免传染材料外溢而污染环境。

（2）静脉注射(以鱼为例)

1）由助手将鱼固定于托盘中。

2）在尾静脉处,用乙醇棉花消毒。

3）注射者以左手固定尾部,右手持注射器刺入血管(针头与静脉几乎相平行),慢慢注入 0.5 ml。如果注射正确,则针下阻力很小,并可见血管变色。如阻力较大或皮下隆起即停止注射,重新刺入血管,或另选部位。注入时应将针头与耳同时固定,以免针头退出血管。

4）注射后,用消毒干棉花压住注射部位,拔出针头,并继续压数秒钟,以防止出血。

（3）放置

注射完毕后,如注射材料具有传染性,应以消毒器中的水抽吸几次,然后取下针头,抽出筒心,放入消毒器中与抽吸洗过的水一并煮沸消毒,煮毕后洗净注射器及针头,置干燥箱中烘干后,分别收藏备用。若为一般非传染性材料,只需洗净、烘干、收藏。

【实验报告】

1. 血浆凝固酶实验结果

（1）将玻片凝固酶实验的结果记录于表 3-1。

表 3-1　凝固酶实验的结果

	菌种＋血浆	对照血浆
阳性或阴性(以"＋"或"－"表示)		

（2）将试管凝固酶实验的结果记录于下表 3-2。

表 3-2　试管凝固酶实验的结果

试　　管	血浆/ml	菌种肉汤培养液/ml	肉汤/ml	结　　果
1	0.5	0.5	—	
2	0.5	—	0.5	

2. 实验动物接种实验结果

记录实验动物症状及有无死亡。

【注意事项】

1. 在用玻片法进行血浆凝固酶实验时,用接种环取菌种的菌苔少许,轻轻摇匀于玻片左侧的盐水中,要制成均匀浓厚悬液,并观察细菌有无自凝现象。

2. 在用试管法进行血浆凝固酶实验时,将菌液或无菌肉汤加入血清之后,轻轻转动(不要摇动)试管混匀。

3. 在进行血浆凝固酶实验的试管法水浴观察结果时,不要振动或摇动试管。因凝固初期的凝块易被破坏,即使继续孵育亦不再形成凝块,从而影响观察结果。

4. 在进行实验动物接种时,注意自身的防护及环境的保护。

【思考题】

1. 做血浆凝固酶实验时,血浆是否要求无菌? 并说明原因。

2. 做血浆凝固酶实验时,用纤维蛋白原代替血浆做此实验,可以吗? 并说明原因。

实验 4　金鱼(锦鲤)肝胰脏组织淤血病理读片

【实验目的】

　　了解常规的显微镜检查金鱼(锦鲤)肝胰脏组织淤血病理的方法,对检查结果进行分析、比较,做出疾病诊断。

　　通过对金鱼(锦鲤)肝胰脏淤血组织病理切片的观察,认识金鱼(锦鲤)类水产动物肝胰腺的基本结构,并且能识别切片中表现出来的异常现象。根据组织的表现对肝胰组织的淤血现象进行诊断,观察肝胰淤血的组织病理变化特点,分析病理。

【实验原理】

　　利用光学显微镜观察鱼类肝胰脏的细胞组织结构,比较健康与病变肝胰脏的形态差别,分析病理。肝小叶的中央静脉及靠近中央静脉的窦状隙、静脉窦高度扩张,会充满大量红细胞和白细胞,形成肝组织淤血,肝细胞索被破坏、肝细胞萎缩,由此可以判断肝胰淤血。

【实验材料和器具】

　　1. 材料

　　健康和患病的鱼类肝胰脏的石蜡切片。

　　2. 器具

　　光学显微镜。

【实验内容】

　　首先在低倍镜下观察,找到观察的目标;然后在低倍镜下移动载玻片,将目标移到视野中央,转动转换器,换成高倍镜,缓慢调节细准焦螺旋,使物像清晰,调节光圈或反光镜,使得亮度适宜。

　　可在患病鱼类肝胰脏的石蜡切片中观察到肝小叶的中央静脉及靠近中央静脉的窦状隙、静脉窦高度扩张并充满大量红细胞和白细胞,形成肝组织淤血,肝细胞索破坏、肝细胞萎缩。

【实验报告】

　　1. 比较健康和病变鱼类肝胰脏形态差别,分析病理。

　　2. 描述鱼类病变肝胰脏的形态特征。

【注意事项】

　　1. 使用显微镜的时候,在换高倍物镜前,一定得将观察对象移至视野中央;转换高倍物镜时,要转动转换器,而不能掰物镜,切忌动粗准焦螺旋,以免压坏镜片,损坏物镜镜头。

　　2. 对观察到的异常图像,应该及时绘制下来或者进行拍照保存。

　　3. 分析病因的时候,要根据所观察到的病变图像,结合正常的健康图像以及病鱼的其他病变特征和生活环境进行综合分析。

【思考题】

　　1. 绘制所观察到的淤血状态的结构图像。

　　2. 金鱼肝胰脏淤血的主要病变特征有哪些?

实验 5　金鱼(锦鲤)鳃组织淤血病理读片

【实验目的】

　　了解常规的显微镜检查金鱼(锦鲤)鳃组织病理的方法,对检查结果进行分析、比较,做出疾病诊断。

　　通过对金鱼(锦鲤)鳃组织病理切片的观察,认识金鱼(锦鲤)类水产动物鳃的基本结构,并且能识别切片中表现出来的异常现象。根据组织的表现对鳃组织的淤血现象进行诊断,观察并分析鳃淤血的组织病理变化特点。

【实验原理】

　　利用光学显微镜观察鱼类鳃的细胞组织结构,比较健康与病变鳃的形态差别,分析病理。鳃淤血时,鳃小片红色或蓝紫色,体积肿大。可能是由于体内有毒产物侵害心脏,造成严重的心肌变性,心肌收缩力减弱,心输出量减少而引起鳃的局部淤血;也有可能是因为鳃局部受到创伤而引起淤血。

【实验材料和器具】

　　1. 材料

　　健康和患病的鱼的鳃的石蜡切片。

　　2. 器具

　　光学显微镜。

【实验内容】

　　通过鳃淤血病理图像等的分析对病害进行诊断,鳃小片红色或蓝紫色,体积肿大,呈棒状(图 5-1)或球状(图 5-2)。分析原因,可能是由于体内有毒产物侵害心脏,造成严重的心肌变性,心肌收缩力减弱,心输出量减少而引起鳃的局部淤血;也有可能是因为鳃局部受到创伤而引起淤血。

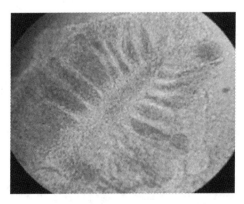
图 5-1　棒状鳃小片

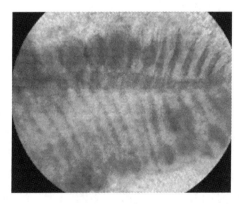
图 5-2　球状鳃小片

【实验报告】

　　1. 比较鱼类健康与病变器官组织的形态差别,分析病理。

　　2. 描述鱼类病变鳃的形态特征。

【注意事项】

　　与实验4同。

【思考题】

　　1. 绘制所观察到的图像。

　　2. 金鱼(锦鲤)鳃淤血的主要病变特征有哪些?

实验6　宠物龟(鳖)肝组织淤血病理读片

【实验目的】

了解常规的显微镜检查龟(鳖)肝组织疾病的方法,对检查结果进行分析、比较,做出疾病诊断。

通过对龟(鳖)肝组织石蜡切片的观察,认识龟(鳖)类动物肝的基本结构,并且能识别切片中表现出来的异常现象,根据组织的表现对肝组织的淤血现象进行诊断。观察并分析肝淤血的组织病理变化特点。

【实验原理】

爬行动物的肝脏一般位于体腔中部,在心脏后面覆盖体腔,不完全分叶,右侧一叶的尾部附有完全隔离的胆囊。正常肝的质地和颜色与其他脊椎动物类似。肝淤血是指血液经过后腔静脉从肝脏回流到心脏,因某些原因使这种回流受阻,导致血液在肝静脉内淤滞的状态。淤血从肝小叶的中心静脉开始一直扩展到肝血窦,周围肝细胞因压力、营养不良及供氧不足而发生变性及坏死。利用光学显微镜观察龟(鳖)肝脏的组织结构,比较健康与淤血肝的组织形态差别,分析病理,为龟(鳖)类疾病的鉴别与诊断提供组织学依据。

【实验材料、器具和试剂】

1. 材料

龟(鳖)类健康肝组织石蜡切片,龟(鳖)类肝组织淤血石蜡切片。

2. 器具

光学显微镜。

3. 试剂

香柏油。

【实验内容】

1. 健康组织的观察

1) 将龟(鳖)类健康肝组织石蜡切片放在光学显微镜载物台上。

2) 使用4倍物镜对石蜡切片中肝组织块进行整体的观察,肝脏为实质性器官。先找到中央静脉,中央静脉为圆形或不规则形状大血管,血管壁为一层扁平细胞,管腔中可能包含有或多或少的血细胞。找到中央静脉后,就找到了汇管区。

3) 换用10倍和20倍数仔细观察汇管区,可以观察到在中央静脉周围有管腔较小,管壁较厚的管道,分别为肝动脉和胆管以及淋巴管。肝动脉管径小,管壁厚,由内皮细胞和数层平滑肌构成。而胆管管径细,管壁由单层立方上皮构成(图6-1)。

4) 接下来观察围绕汇管区的肝细胞。肝细胞为多角形的腺细胞,正常细胞核中位,有核仁,细胞质丰富。肝细胞围绕汇管区排列成索状,但是在龟(鳖)类中,肝细胞索并不明显。肝细胞排列成不规则的互相连接的板状结构,称肝板,相邻肝板相互吻合连接,肝板之间存在血窦,即为肝血窦,血窦内的空间即为窦间隙。肝血窦壁上还有一种具有吞噬

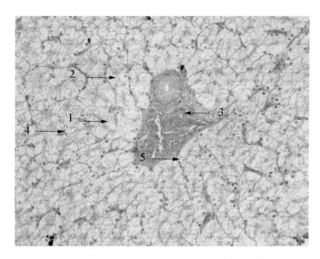

图 6-1　健康鳖的肝组织切片(H.E.染色)

1. 肝静脉；2. 肝动脉；3. 胆管；4. 肝实质细胞；5. 肝血窦

功能的细胞,称 Kupffer 细胞。正常的窦间隙中存在少量血液,血浆中的各种物质能自由通过与肝细胞充分接触,有利于肝细胞与血液间进行物质交换。

2. 肝组织淤血切片的观察

先用低倍镜观察,可以发现与正常肝组织切片比起来,肝组织淤血切片中遍布长条或不规则的充满红细胞的红色区域。同样先找到汇管区,观察中央静脉内是否存在大量血细胞(图 6-2)。

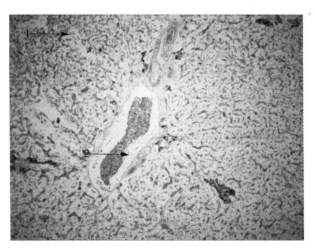

图 6-2　肝淤血的巴西龟肝脏组织切片(H.E.染色)

1. 肝汇管区；2. 扩张的肝血窦内充满血细胞

换用高倍物镜,仔细观察汇管区中的各种管道是否有异常现象。然后仔细观察肝细胞及肝血窦,肝细胞中可能会出现颗粒变性和空泡变性的现象。发生颗粒变性的细胞肿大,胞浆内出现微细的淡红色颗粒,核淡染(图 6-3)。空泡变性的细胞胞浆内出现大小不一的空泡,使细胞呈蜂窝状或网状。变性严重者,小水泡相互融合成大水泡,细胞核被挤于一侧,细胞形体显著肿大,胞浆空白,外形如气球状,所以又称为气球样变(图6-4)。发生颗粒变性和空泡变性的肝细胞可用100倍油镜仔细观察。

　　然后观察肝血窦,可见肝血窦扩张,其中充满大量血细胞,也就是肝淤血的现象(图6-2~图6-4)。

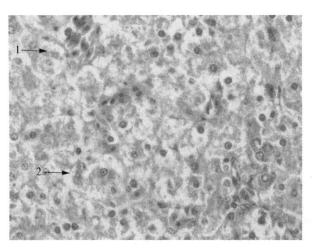

图6-3　肝淤血的菱斑龟肝组织切片(H. E. 染色)

1. 充血扩张的肝血窦;2. 颗粒变性的肝实质细胞

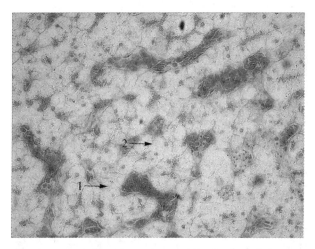

图6-4　肝淤血的巴西龟肝组织切片(H. E. 染色)

1. 充血扩张的肝血窦;2. 空泡变性的肝实质细胞

【实验报告】

　　1. 请绘出观察到的肝淤血汇管区组织结构图。

　　2. 请绘出观察到的肝淤血肝小叶组织结构图。

【注意事项】

　　1. 肝淤血症状的严重与否在低倍镜下比较明显。

　　2. 龟(鳖)类的红细胞与哺乳动物不一样,是终生有核的。

3. 观察组织结构和病理变化,一定要遵循先在低倍镜下观察,再换到高倍镜下观察。

4. 在换高倍物镜前,一定得将观察对象移至视野中央;转换高倍物镜时,要转动转换器,不能掰物镜,切忌动粗准焦螺旋,以免压坏镜片,损坏物镜镜头。

5. 对观察到的异常图像,应该及时绘制下来或者进行拍照保存。

【思考题】

1. 龟(鳖)类肝的主要功能是什么?

2. 龟(鳖)类肝淤血的组织病理特征有哪些?

实验 7 宠物龟(鳖)脾脏病理读片

【实验目的】

1. 了解脾脏的正常组织学结构和病鳖脾脏的组织病理变化特点。
2. 比较龟(鳖)健康和病变脾脏的组织形态差别,分析病理。
3. 掌握红、白髓区组织结构特点,熟悉脾脏的病理组织学变化。

【实验原理】

脾脏是龟(鳖)重要的免疫、储血和造血器官,在机体免疫反应过程中起着至关重要的作用。因此了解脾脏的正常组织学和病理组织学结构具有重要的意义。利用光学显微镜观察龟(鳖)脾脏组织结构,比较健康与病变脾脏的组织形态差别,分析病理,为龟(鳖)类疾病的鉴别与诊断提供组织学依据。

【实验材料和器具】

1. 材料

健康和患病龟(鳖)脾脏的石蜡切片。

2. 器具

光学显微镜。

【实验内容】

1. 正常脾脏组织结构

(1) 低倍镜观察龟(鳖)脾的组织结构

脾脏分为被膜和白髓、红髓构成的实质,被膜较薄,小梁极不发达,脾实质白髓所占比例较红髓多。

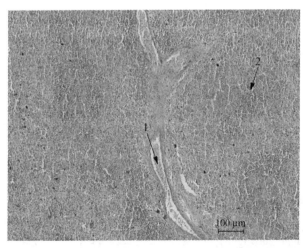

图 7 - 1 龟(鳖)脾脏实质部(石蜡切片,H.E.染色)

1. 白髓;2. 红髓

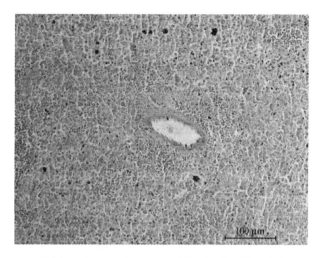

图 7-2　龟(鳖)脾脏白髓,动脉周围淋巴鞘和脾窦
(石蜡切片,H.E.染色)

（2）高倍镜观察龟(鳖)脾脏的组织结构

白髓:不同种类的爬行动物的脾脏白髓的组成不完全相同,龟(鳖)脾脏的白髓包括椭球周围淋巴鞘(PELS)和动脉周围淋巴鞘(PALS),两者周围均有数层扁平网状细胞环绕,未见淋巴小结。① PELS占白髓的90%,以T淋巴细胞为主,排列紧密,中央为椭球毛细血管穿过,且其内皮较厚,立方状。② PALS占白髓的10%,中央为中央微动脉穿过,淋巴细胞排列较疏松,另外,常可见脾窦直接与PALS相贴。

红髓:红髓穿插在白髓与被膜和小梁之间,由脾索和脾窦组成,脾窦不发达。① 脾索:由索状淋巴组织构成,排列较疏松,相互连接成网,与脾窦相间分布。② 脾窦:又称脾血窦,是髓质的淋巴窦。

2. 病变脾脏组织病理变化

脾脏被膜血管肿胀,其内红细胞清晰可见。病情严重者,其被膜和实质发生不同程度的剥离。

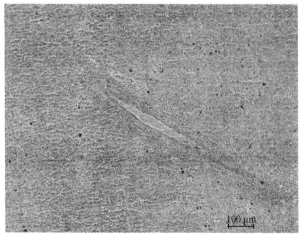

图 7-3　龟(鳖)白髓区相对缩小(石蜡切片,H.E.染色)

红髓区脾窦淤血,红细胞拥挤其中,脾索的淋巴细胞间也有少量红细胞存在,病情严重者,索窦不分。

图7-4　巴西龟脾脏组织(石蜡切片,H.E.染色)

1. 巴西龟脾脏小动脉、小静脉及毛细血管扩张明显,充满
大量红细胞;2. 血管周围组织间隙可见均质粉红色水肿液

【实验报告】

描绘低、高倍镜下脾脏的主要组织病理变化特征(红髓和白髓的变化)。

【注意事项】

1. 观察组织结构和病理变化,一定要遵循先在低倍镜下观察,再换到高倍镜下观察。

2. 在换高倍物镜前,一定得将观察对象移至视野中央;转换高倍物镜时,要转动转换器,不能掰物镜,切忌动粗准焦螺旋,以免压坏镜片,损坏物镜镜头。

3. 对观察到的异常图像,应该及时绘制下来或者进行拍照保存。

【思考题】

1. 简述脾脏的主要功能。

2. 简述龟(鳖)类脾脏与其他动物脾脏在组织结构上的差别。

实验 8　宠物龟(鳖)肾脏病理读片

【实验目的】

1. 掌握肾脏的一般组织学结构和特点。

2. 掌握近曲小管、远曲小管和集合管的形态差别。

3. 熟悉肾小球肾炎的病理变化,分析病理。

【实验原理】

肾脏的主要功能是排泄含氮废物、维持机体水与离子的平衡。爬行动物中,肾脏不能产生高于血浆浓度的高渗尿液,水和离子的排泄是通过调节肾小球过滤及肾小管重吸收及分泌功能来实现的。而且肾脏具有实现这些功能的特有形态结构,这些结构包括肾小球和肾小管,肾小球具有过滤原尿的作用,肾小管则兼有重吸收和分泌功能。

利用光学显微镜观察龟(鳖)肾脏组织结构,比较健康与病变肾脏的组织形态差别,分析病理,为龟(鳖)类疾病的鉴别与诊断提供组织学依据。

【实验材料和器具】

1. 材料

健康和患病龟(鳖)肾脏的石蜡切片。

2. 器具

光学显微镜。

【实验内容】

1. 肾脏正常组织结构的观察

(1) 低倍镜观察龟(鳖)肾脏的组织结构

辨认肾脏的各组织结构,肾脏由被膜和实质部分组成。被膜是致密的结缔组织,龟(鳖)类的肾组织与其他爬行动物肾脏有所差异,实质部没有皮质与髓质之分,可明显分为外侧区和内侧区,外侧区嗜酸性,约占 2/3,主要分布有近曲小管和集合管;内侧区弱嗜酸性,约占 1/3,主要分布有肾小体、多数远曲小管、颈段(大多缺失)和部分中间段。小叶内静脉位于内侧区中部,肾小体、远曲小管围绕在小叶内静脉周围,小叶内静脉附近伴行有小叶内动脉(图 8-1)。

(2) 高倍镜观察龟(鳖)肾脏的组织结构

肾小体:肾小体包括肾小囊和血管球。血管球为一团毛细血管。

近曲小管:近曲小管由柱状和锥体形细胞构成,细胞体积大。上皮细胞质嗜酸性细胞核呈圆球形,位于细胞基底部,近曲小管腔面有刷状缘(图 8-2)。

中间段:位于近曲小管和远曲小管之间,较短。上皮细胞呈立方形,细胞体积较小,排列紧密,胞核较大,管腔较小,无刷状缘。

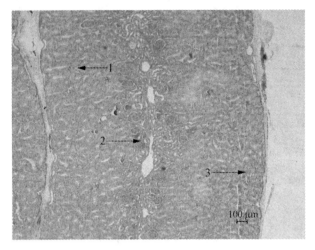

图 8-1 龟(鳖)肾脏整体结构图(石蜡切片,H. E. 染色)

1. 外侧区;2. 内侧区;3. 浆膜

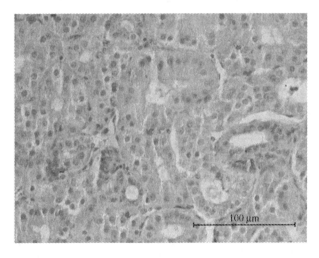

图 8-2 龟(鳖)正常近曲小管(石蜡切片,H. E. 染色)

远曲小管:远曲小管上皮细胞前段为低的立方细胞,管腔大小与中间段相似,管腔清晰。后段管径变大,细胞体积亦增大,中后段腔面比近曲小管和中间段宽大。与近曲小管相比,远曲小管上皮细胞胞质弱嗜酸性。前段上皮细胞胞核位于中部,中后段的胞核靠近基底部,细胞界限清晰(图 8-3)。

集合管:集合管位于外侧区中部的近曲小管之间,上皮细胞呈柱状,细胞核位于基底部,细胞界限清晰,管腔最大,细胞质弱嗜酸性(图 8-4)。

2. 病变肾脏组织病理变化

肾小囊壁层上皮细胞增生,呈月牙状(图 8-5);肾小管上皮细胞空泡变性,胞浆中可见大小不等的空泡,严重的可将胞核挤于一侧或消失(图 8-5,图 8-6)。

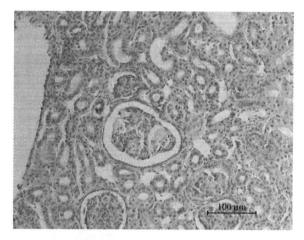

图 8-3 龟(鳖)正常远曲小管(石蜡切片,H. E. 染色)

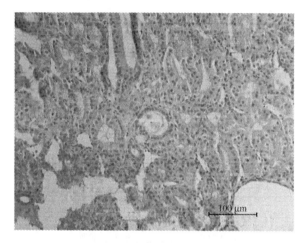

图 8-4 龟(鳖)正常集合管(石蜡切片,H. E. 染色)

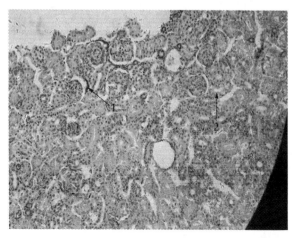

图 8-5 龟(鳖)病变肾组织(石蜡切片,H. E. 染色)

1. 龟(鳖)肾小囊壁层上皮细胞增生,呈月牙状;2. 肾小管上皮细胞空泡变性

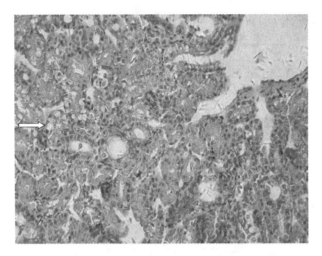

图 8-6　龟(鳖)病变肾组织(石蜡切片,H. E. 染色)
箭头所指为肾小管上皮细胞空泡变性,胞浆内有大小不等的空泡染色

肾小管、肾小球发生广泛性坏死,仅可见轮廓,内部结构坏死消失(图 8-7)。

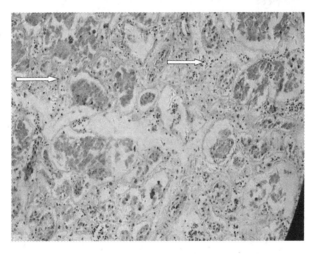

图 8-7　龟(鳖)病变组织(石蜡切片,H. E. 染色)
箭头所指为肾小管、肾小球发生广泛性坏死

【实验报告】

1. 描绘低、高倍镜下正常肾脏组织结构,病变肾脏的主要组织病理变化特征,标明各组织结构。

2. 用红蓝铅笔按组织的染色特性区分开,标注清晰各组织结构。

【注意事项】

与实验 7 同。

【思考题】

1. 肾脏的主要功能有哪些?

2. 龟(鳖)类肾脏与其他动物肾脏在组织结构和组成上有什么差别?

实验9　宠物龟(鳖)消化道组织病理读片

【目的要求】

1. 掌握消化道的一般组织结构,重点掌握胃和肠的组织结构特征。
2. 掌握胃和小肠各段的组织结构特点和形态差别。
3. 观察胃炎、胃出血、肠炎及肠出血的组织病理变化特点,分析病理。

【实验原理】

鳖是典型的爬行动物,其消化道不仅仅具有消化吸收和排出食物残渣的功能,还有其他如内分泌和免疫等功能。

利用光学显微镜观察龟(鳖)胃和小肠的组织结构,比较健康与病变消化道的组织形态差别,分析病理,为龟(鳖)类疾病的鉴别与诊断提供组织学依据。

【实验材料和器具】

1. 材料

健康和患病龟(鳖)胃和小肠的石蜡切片。

2. 器具

光学显微镜。

【实验内容】

1. 正常消化管组织结构的观察

(1) 低倍镜观察龟(鳖)胃和小肠的组织结构

胃可分为胃体部、贲门部和幽门部三大部分。胃体部在低倍镜下可见胃壁分为黏膜层、黏膜下层、肌层和外膜四层(图9-1)。① 黏膜层:上皮为单层柱状上皮,胞核位于细

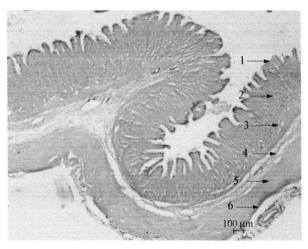

图9-1　健康龟(鳖)胃体部整体组织结构(石蜡切片,H.E.染色)

1. 黏膜上皮;2. 固有膜;3. 黏膜肌层;4. 黏膜下层;5. 肌层;6. 外膜

胞基底部。上皮下陷固有层中形成胃小凹,胃小凹是胃腺的开口,胃底或胃体部的胃小凹较浅;② 固有层:由结缔组织构成,含有大量胃底腺、血管、淋巴组织等;③ 黏膜肌层:较薄,由平滑肌构成;④ 黏膜下层:由疏松结缔组织构成,分布有许多血管和淋巴管等;⑤ 肌层:胃的肌肉层很发达,一般由内环肌和外纵行肌两层平滑肌组成;⑥ 外膜:即为浆膜,由薄层的疏松结缔组织和间皮组成。贲门部与胃底或胃体部结构比较,其胃小凹较短,黏膜层较薄。幽门部与胃底或胃体部结构比较,其胃小凹最长。

小肠在低倍镜下可见肠壁分为黏膜层、黏膜下层、肌层和浆膜四层。① 黏膜层:肠黏膜向肠腔突起,褶成皱襞,各肠段皱襞的高低和形状有差异。黏膜层由上皮、基膜、固有膜和黏膜肌组成。前肠、中肠和后肠三段的组织结构基本相同,其差异主要表现在黏膜层,其中以皱襞的高低和疏密、上皮细胞的高低与纹状缘的发达程度等方面的差异较明显。② 上皮:单层柱状上皮,表面可见疏密不同的指状突起,为肠绒毛,增加了肠黏膜的表面积;固有层很薄,未见肠腺,可见许多血管和游走细胞等;黏膜肌层薄而不明显,有的黏膜无固有层。③ 黏膜下层:由疏松结缔组织构成,含有较大的血管和淋巴管,有时黏膜肌层不明显时,与固有膜层之间的界限不明显。④ 肌层:由内环行肌和外纵行肌两层平滑肌组成。⑤ 浆膜:由一薄层结缔组织及其外周的间皮构成。

(2) 高倍镜观察龟(鳖)胃和小肠的组织结构

1) 胃

胃体部:① 黏膜上皮:单层柱状,排列整齐,胞核位于细胞基部,上部胞质充满黏液性分泌物。② 固有层:胃底腺分布于胃底部和胃体部,胃单管状腺,由多种腺细胞组成,大部分嗜伊红着色,细胞呈多边形,胞核圆形,位于细胞中央。

贲门部的贲门腺位于固有层,为弯曲的管状腺,主要由大量黏液细胞构成(见图9-2)。

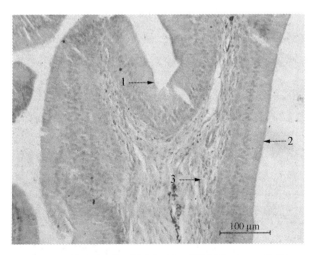

图 9-2　健康龟(鳖)胃贲门部(石蜡切片,H.E.染色)

1. 胃小凹;2. 上皮;3. 固有膜

幽门部的幽门腺为分支管状腺,主要为黏液细胞,细胞为柱状。

2) 小肠

黏膜层：上皮为单层柱状上皮，主要为吸收细胞，胞核靠近基底部。固有膜层由疏松结缔组织、血管和平滑肌纤维等构成。

2. 病变胃组织病理变化

贲门处：上皮脱落，固有膜、黏膜下层可见大量白细胞浸润(图9-3)。

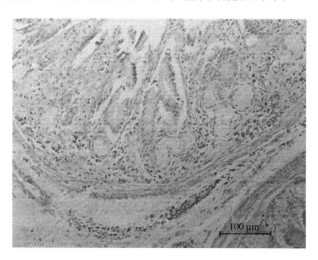

图9-3　贲门病变示例图(石蜡切片，H.E.染色)

胃底腺区腺细胞变性，黏膜上皮脱落，黏膜结构崩解(图9-4)。

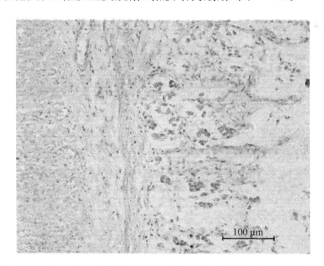

图9-4　病变胃底腺区腺细胞变性示意图(石蜡切片，H.E.染色)

黏膜上皮坏死、脱落，黏膜层、黏膜下层有大量白细胞浸润(图9-5)。

黏膜上皮和固有膜层有大量红细胞渗出(图9-6)。

【实验报告】

描绘低、高倍镜下正常胃和小肠组织结构，病变胃组织的病理变化特征，标明各组织结构。

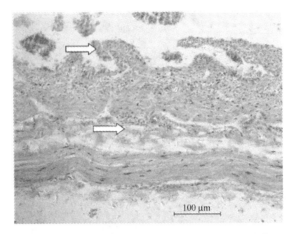

图 9-5　龟(鳖)病变胃组织(石蜡切片,H. E. 染色)
箭头所指为黏膜上皮坏死,黏膜下层大量白细胞浸润

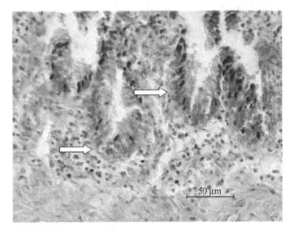

图 9-6　龟(鳖)病变胃组织(石蜡切片,H. E. 染色)
箭头所指为黏膜上皮脱落,固有膜层有大量红细胞渗出

【注意事项】

与实验 7 同。

【思考题】

1. 简述胃和小肠的主要功能。

2. 简述龟(鳖)类胃和小肠与其他动物胃和小肠在组织结构和组成上的差别。

实验 10　宠物龟(鳖)组织炎症和粒细胞组织病理读片

【实验目的】

了解龟(鳖)组织炎症的表现,能够清楚区分炎性细胞种类,能正确诊断炎症。

【实验原理】

炎症是机体组织受损伤时所发生的一系列保护性应答,以局部血管为中心,是机体对各种物理、化学、生物等有害刺激所产生的一种以防御为主的病理反应,典型特征是红、肿、热、痛和功能障碍,可参与清除异物和修补组织等。炎症过程中不仅有液体渗出,也有细胞渗出,各种白细胞通过血管壁游出到血管外的过程称为白细胞渗出。白细胞渗出是炎症反应最重要的特征。炎症时渗出的白细胞称为炎细胞,炎细胞在趋化物质的作用下进入组织间隙的现象称为炎细胞浸润,是炎症反应的重要形态特征。

【实验材料和器具】

1. 材料

龟(鳖)类肝组织、眼睑组织、脾组织炎症石蜡切片。

2. 器具

光学显微镜。

【实验内容】

1. 细胞种类

炎症的主要反应为血管反应,所以先找到组织中的血管。放大倍数观察血管内部或外部有没有出现嗜酸性粒细胞、嗜碱性粒细胞、异嗜白细胞、单核细胞、巨噬细胞、淋巴细胞等炎性细胞。炎性细胞的观察和区分可能需要利用油镜。

嗜酸性粒细胞:大多数爬行动物的嗜酸性粒细胞是大的圆形细胞,有球形嗜酸性细胞质颗粒,核通常在细胞中间,形状变化大,从明显的长型到浅裂都有。在 H.E. 染色的组织切片中嗜酸性粒细胞胞浆中的颗粒为圆形、鲜艳的红色,细胞核为深紫色。嗜酸性粒细胞在外周血中的数量受如季节交替等环境因素影响,数量一般在夏天最低,冬眠时最高。嗜酸性粒细胞与寄生虫感染和免疫系统刺激有关。

嗜碱性粒细胞:嗜碱性细胞通常是小圆细胞,包含嗜碱性异染性细胞质颗粒,通常不易看清核。嗜碱性粒细胞通常比嗜酸性粒细胞小,与寄生虫感染和病毒感染有关。在 H.E. 染色的组织切片中嗜碱性粒细胞一般呈蓝紫色,颗粒不明显。

异嗜白细胞:爬行动物的异嗜白细胞通常是圆形,有嗜酸性纺锤形细胞质颗粒。成熟的异嗜白细胞核是特殊的圆形到椭圆形,位于细胞的偏位,有密度高丛聚核染色质。爬行动物中的异嗜白细胞含量能被季节因素影响,在夏天最高,冬眠中最低。因为异嗜白细胞的首要功能是吞噬作用,爬行动物的异嗜白细胞计数的明显升高通常与炎症疾病,特别是细菌性或是寄生虫感染或是组织损伤有关。应激(糖皮质激素过量)、瘤形成和异嗜白细胞血症等非炎性因素也会导致异嗜白细胞反应。在 H. E. 染色的组织切片中,正常的异嗜白细胞的细胞质是不染色的,胞浆中有淡红色纺锤形细胞质颗粒,染色比嗜酸性粒细胞的颗粒浅。

单核细胞:单核细胞通常是爬行动物外周血中最大的白细胞,在外形上变化大,从圆形到变形虫形都有。细胞核外形多变,从圆形到椭圆或分叶。单核细胞的核染色质较不浓缩,与淋巴细胞的核比较染色较浅。在 H. E. 染色的组织切片中丰富的单核细胞质染色紫灰,也可能出现微小的不透明点,还可能包含空泡或是微小粉尘状紫色颗粒。单核细胞进入组织后成为巨噬细胞。

淋巴细胞:淋巴细胞大小变化大,一般为圆形,核质比高。淋巴细胞与营养不良或是应激和免疫抑制导致的并发症有关。伤口愈合、炎症、寄生虫、病毒感染以及蜕皮期间过程中会发生淋巴细胞增多。在 H. E. 染色的组织切片中,淋巴细胞为深紫色,细胞质染色略淡。

2. 发生炎性细胞浸润的区域及浸润的炎性细胞的主要种类

(1) 宠物龟肝组织切片显示炎症和炎症细胞

观察患病菱斑龟的肝细胞切片,可见图 10-1 中浸润的嗜酸性粒细胞,图 10-2 中巴西彩龟的巨噬细胞、异嗜白细胞、淋巴细胞和血铁黄素沉积。

(2) 肺组织切片

观察患病东部锦龟肺组织切片,可见图 10-3 中大量浸润的白细胞。

【实验报告】

1. 确定炎症发生的区域,辨别不同的炎性细胞种类。

2. 绘制低倍镜下炎症的模式图。

3. 绘制高倍镜下的粒细胞图,并注明颗粒颜色。

【注意事项】

1. H. E. 染色即苏木精-伊红染色,其中苏木精主要使核等嗜碱性的物质被染成蓝紫色,而伊红主要使嗜酸性物质被染成红色。

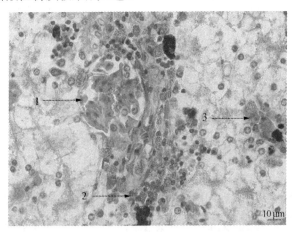

图 10-1　菱斑龟的肝组织切片(H. E. 染色)

1. 肝静脉;2. 浸润的嗜酸性粒细胞;3. 扩张的肝血窦

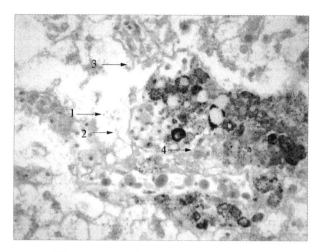

图 10-2　巴西龟肝组织切片(H. E. 染色)

1. 巨噬细胞；2. 异嗜白细胞；3. 淋巴细胞；4. 血铁黄素沉积

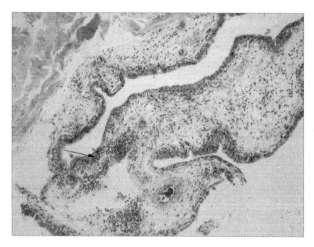

图 10-3　东部锦龟肺组织切片(H. E. 染色)

箭头表示大量被浸润的白细胞

　　2. 脾脏动脉周围大量聚集的淋巴细胞是正常现象,脾为淋巴细胞的发生地之一。

【思考题】

　　1. 简述各种炎性细胞的功能及数量变化的意义。

　　2. 简述炎性反应的病理过程。

实验 11　观赏鱼水霉和水霉病显微观察和诊断

【实验目的】

1. 了解观赏鱼和宠物龟的真菌性疾病。

2. 掌握观赏鱼水霉病的临床症状及水霉菌的显微镜识别方法。

【实验原理】

多细胞真菌基本上都是由菌丝和孢子两大部分组成。水族医学中常见的真菌有水霉目的鳃霉、水霉和绵霉、镰刀菌、丝囊霉菌等。霉菌的营养体是分枝的丝状体,其个体比细菌和放线菌大得多,分为基内菌丝和气生菌丝。气生菌丝中又可分化出繁殖丝,不同霉菌的繁殖菌丝可以形成不同的孢子。霉菌菌丝较粗大,细胞易收缩变形,且孢子容易飞散,所以制标本时常用乳酸石炭酸棉蓝染色液。此染色液制成的霉菌标本片的特点是:细胞不变形,具有杀菌防腐作用,且不易干燥,能保持较长时间,溶液本身呈蓝色,有一定染色效果。

利用培养在玻璃纸上的霉菌作为观察材料,可以得到清晰、完整、保持自然状态的霉菌形态;也可以直接挑取生长在平板中的霉菌菌体制水浸片观察。

【实验材料、器具和试剂】

1. 材料

患水霉病鱼体(金鱼、锦鲤、热带鱼)的活体标本、在马铃薯琼脂平板上或用玻璃纸透析培养法培养 3~4 天的水霉。

2. 器具

解剖盘、解剖刀、解剖剪、镊子、解剖针、显微镜、擦镜纸、载玻片、盖玻片、胶头吸管、纱布或卷纸、多媒体系统等。

3. 试剂

乳酸石炭酸棉蓝染色液、生理盐水、碘液、香柏油、二甲苯、甘油、50%乙醇。

【实验内容】

1. 玻片的制作

(1) 制水浸制片观察法

在载玻片上滴加一滴乳酸石炭酸棉蓝染色液或蒸馏水,用解剖针从生长有霉菌的平板中挑取少量带有孢子的霉菌菌丝,用 50%的乙醇浸润,再用蒸馏水将浸过的菌丝洗一下,然后放入载玻片上的液滴中,仔细地用解剖针将菌丝分散开来。盖上盖玻片(勿使产生气泡,且不要再移动盖玻片),先用低倍镜,必要时转换高倍镜镜检并记录观察结果。

(2) 玻璃纸透析培养观察法

1) 玻璃纸的选择与处理:要选择能够允许营养物质透过的玻璃纸,也可收集商品包装用的玻璃纸,加水煮沸,然后用冷水冲洗。经此处理后的玻璃纸若变硬,必定是不可用的,只有那些软的可用。将那些可用的玻璃纸剪成适当大小,用水浸湿后,夹于旧报纸中,然后一起放入平皿内 121℃灭菌 30 min 备用。

2)菌种的培养:按无菌操作法,倒平板,冷凝后用灭菌的镊子夹取无菌玻璃纸贴附于平板上,再用接种环蘸取少许霉菌孢子,在玻璃纸上方轻轻抖落于纸上。然后将平板置28~30℃下培养 3~5 天,曲霉菌和青霉菌即可在玻璃纸上长出单个菌落(根霉菌的气生性强,形成的菌落铺满整个平板)。

3)制片与观察:剪取玻璃纸透析法培养 3~4 天后长有菌丝和孢子的玻璃纸一小块,先放在 50% 乙醇中浸一下,洗掉脱落下来的孢子,并赶走菌体上的气泡,然后正面向上贴附于干净载玻片上,滴加 1~2 滴乳酸石炭酸棉蓝染色液,小心地盖上盖玻片(注意不要产生气泡),且不要移动盖玻片,以免搞乱菌丝。标本片制好后,先用低倍镜观察,必要时再换高倍镜。注意观察菌丝有无隔膜,有无假根、足细胞等特殊形态的菌丝。注意其无性繁殖器官的形状和构造,孢子着生的方式和孢子的形态、大小等。

2. 霉菌菌丝的观察

(1)病鱼体表水霉菌的观察

水霉病常感染鱼体表受伤组织及死卵,形成灰白色如棉絮状的覆盖物,又称覆棉病、水棉病、肤霉病或白毛病,是水生鱼类的真菌病之一(图 11-1)。

图 11-1　患水霉病的鱼

病变部位初期呈圆形,后期则呈不规则的斑块,严重时皮肤破损肌肉裸露。鳃组织亦会被侵犯感染,造成死亡。

(2)水霉的显微结构

菌丝中有多个细胞核,无横隔。菌丝壁主要是一种不同于纤维素的多糖。水霉的全身就是一团菌丝,相当于一个多核细胞(图 11-2)。一部分菌丝伸入到寄主的组织中去,吸收营养物,可称为假根,长在外面的菌丝顶端膨大而成孢子囊,从中产生多个有 2 根鞭毛的孢子。孢子游到新的寄主身上,发育而成新的水霉。菌丝顶端还可发育成精囊和卵囊。两者总是很靠近,精囊中的精子核进入卵囊和卵融合而成合子(图 11-3)。合子脱离卵囊,发育而成新菌丝(图 11-4)。

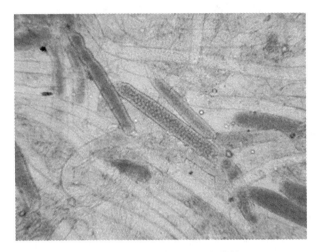

图 11-2　水霉菌丝的显微结构

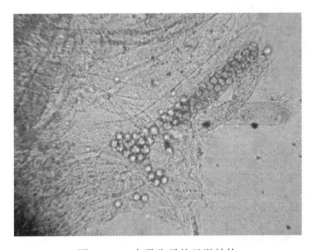

图 11-3　水霉孢子的显微结构

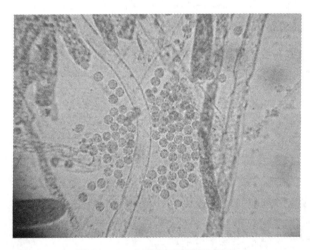

图 11-4　水霉孢子脱离孢子囊

水霉的细胞壁不含几丁质而是由多糖构成,水霉的孢子有鞭毛,这些都是水霉有别于其他真菌之处。

【实验报告】

　　1. 描述锦鲤(金鱼)水霉病的临床症状。

　　2. 画出水霉的菌丝、厚垣孢子、孢子囊、孢子图,并加以注释。

【注意事项】

　　1. 采样时要看准患病部位,即采到绒毛状寄生物。

　　2. 制片时水不要放得过多,盖玻片盖上后无水溢出为好。

　　3. 镜检时要看到菌丝、厚垣孢子、孢子囊、孢子。

【思考题】

　　1. 简述观赏鱼水霉病的诊断和控制技术。

　　2. 画出水霉的显微结构图,并简述水霉的危害。

实验 12　鞭毛虫和鞭毛虫病的显微观察与识别

【实验目的】

熟悉鞭毛虫形态特征,进一步掌握该类寄生虫病的诊断方法。

【实验原理】

鞭毛虫隶属于肉足鞭毛门的动鞭纲,是以鞭毛作为运动细胞器的原虫,无色素体,种类繁多,分布很广,生活方式多种多样。营寄生生活的鞭毛虫主要寄生于宿主的消化道、泌尿道及血液,故一般在病鱼的肠道内取样。

【实验材料、器具和试剂】

1. 材料

患鞭毛虫病的病变活体标本、各种鞭毛虫的活体和固定标本。

2. 器具

解剖盘、解剖刀、解剖剪、镊子、解剖针、显微镜、擦镜纸、载玻片、盖玻片、胶头吸管、纱布或卷纸、多媒体系统等。

3. 试剂

生理盐水、碘液、香柏油、二甲苯、甘油、乙醇。

【实验内容】

1. 玻片的制作

使用玻片制作水浸片法观察鱼体感染的鞭毛虫。首先解剖病鱼,并在肠道中用接种环刮取适量组织,放置于盖玻片的无菌水上。具体步骤参见实验 11。

2. 鞭毛虫显微结构的观察

(1) 锥体虫的观察

锥体虫,属肉足鞭毛门,动鞭毛纲,动基体目,锥体科,锥体虫属。

锥体虫在血清中活泼运动,其身体狭长,一般体长在 50 μm 以下。两端较尖,形如柳叶,但往往弯曲成 S 形、波浪形或环形。胞核一般位于身体中部,卵形或圆形,具有明显的核内体。身体后端有一个动核。行动胞器是一根从虫体后基体伸出的鞭毛,沿虫体边缘构成波动膜,向前伸展游离于体前端,称前端毛(图 12-1)。

(2) 鳃隐鞭虫的观察

隐鞭虫,属肉足鞭毛门,动鞭毛纲,动基体目,波豆科,隐鞭虫属。

该虫寄生在鱼类鳃上或皮肤上。活的鳃隐鞭虫用后鞭毛固定在鳃丝表皮上,大量寄生时,成群地聚集在鳃丝两侧,波动膜不停地作波式摆动。细胞质活体时呈淡绿色或无色,常含有少量的食物粒。染色标本的虫体体长约 7.7~10.8 μm(不包括后鞭毛),体宽 3.9~4.8 μm,身体狭长形,轮廓像一片柳叶。在虫体前段有 2 个生毛体,各生出 1 条鞭毛,一条向前伸出,成为游离的前鞭毛;另一条沿虫体边缘向后伸出,与身体之间形成波浪形的波动膜,至虫体后端再离开虫体成为后鞭毛。前、后鞭毛等长。身体前段有 1 个圆形或长形的动核,身体中部有 1 个圆形或椭圆形的胞核(图 12 - 1)。

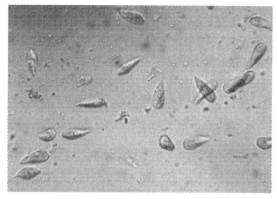

低倍境

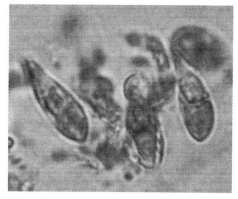

高倍境

图 12 - 1　锦鲤鳃上寄生的鳃隐鞭虫

（3）鱼波豆虫的观察

飘游鱼波豆虫(Ichthyobodonecatrix),属动基体目,波豆虫科。

此种寄生虫的寄生状态是以两条鞭毛插入鱼的鳃丝或皮肤的表皮细胞内。活的虫体,细胞质一般呈无色透明,有时可见到几个发亮的食物粒。虫体体长 5.5～11.5 μm,侧面观呈梨形或卵形,体宽约 5.5 μm,侧腹面观略似汤匙,并有两条纵的口沟,口沟的前端,有一个由基粒组成的生毛体,从这里长出两根等长的向后伸的鞭毛,胞核 1 个,圆形,位于身体中央或稍前。核膜内周缘排列着大小不同而略有规则的染色质粒,中间有 1 个相当粗大、呈粒状结构的核内体,核内体与周围染色质粒之间,有少许放射状的非染色质丝。

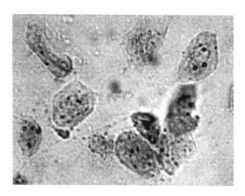

图 12 - 2　寄生锦鲤的波豆虫

（4）六鞭毛虫

主要寄生于鱼的后肠(近肛门 3～6 cm 处的肠管)。在胆囊、膀胱以及肾脏也往往有六鞭毛虫寄生。该虫有 8 根鞭毛,6 根向前,2 根向后。营养体卵形或长圆形,两侧对称,背腹扁平,体长 5～10 μm,体宽 3～9 μm。

【实验报告】

描述鞭毛虫的虫名、寄主、寄生部位,描绘虫体形态结构并作出注释。

【注意事项】

1. 从鳃动脉取血时如吸取的血液不多,可直接放在载玻片上,盖上盖玻片,在显微镜下检查。如果是比较大的鱼,吸取血液较多,可先把血液吸出,放在玻皿里,然后吸取一小滴检查,血液比较多的大鱼,要尽量把血液吸出,否则残余的大量血液流出,沾染鳃瓣,影响检查鳃。当用吸管取血时,必须避免吸管与鳃接触,否则会使寄生在鳃上的寄生虫带到血液里,产生寄生虫寄生位置的混乱。

2. 压缩法对于鱼体外或体内所有的器官、组织或内含物等一般都可适用。对鳃的检查,发现寄生虫而把玻片移动后,反而不容易找到和取出里面的寄生虫。

【思考题】

1. 如何区分鱼波豆虫和隐鞭虫?

2. 如何区分鞭毛虫和红细胞?

实验 13　纤毛虫之小瓜虫的显微观察与识别

【实验目的】

熟悉小瓜虫形态特征,进一步掌握该类寄生虫病的诊断方法。

【实验原理】

各种淡水鱼类,从鱼苗到成鱼都可感染小瓜虫发病,并可发生大批死亡。幼虫侵入鱼的皮肤和鳃,剥取宿主组织作营养,引起组织增生形成白色的囊泡。严重感染时,病鱼的皮肤、鳍和鳃上布满白色小点状囊泡。虫体刺激鱼体分泌大量黏液,影响呼吸。病鱼食欲减退,消瘦,游泳缓慢,漂浮于水面;鱼体不断与其他物体摩擦,表皮糜烂。眼被大量寄生时,可引起眼睛发炎、变瞎。

多子小瓜虫的形态大小随发育阶段不同而异。成虫卵圆形或球形,大小为$(0.3\sim0.8)$mm$\times(0.35\sim0.5)$mm;全身密布短纤毛,靠近前端腹面有一"6"字形的胞口,体中部有一香肠状或马蹄形的大核,球形的小核紧贴在大核上,不易辨认;胞质内还有很多伸缩泡和食物粒。幼虫卵圆形或椭圆形,大小为$(33\sim54)$mm$\times(19\sim32)$μm;体前端有一个乳突状的钻孔器,全身披有等长的纤毛,后端有一根长而粗的尾毛,大核椭圆形或卵圆形,小核球形。根据以上特征可用显微镜检查孢囊中的虫体。

【实验材料、器具和试剂】

1. 材料

患白点病的病变活体标本、各种小瓜虫的活体和固定标本。

2. 器具

解剖盘、解剖刀、解剖剪、镊子、解剖针、显微镜、擦镜纸、载玻片、盖玻片、胶头吸管、纱布或卷纸、多媒体显示系统等。

3. 试剂

生理盐水、碘液、香柏油、二甲苯、甘油、乙醇。

【实验内容】

1. 玻片的制作

使用玻片制作水浸片法观察鱼体感染的小瓜虫。具体步骤参见实验11。

2. 小瓜虫的观察

(1) 鱼体表面小瓜虫的观察

小瓜虫主要寄生在鱼类的皮肤、鳍、鳃、头、口腔及眼等部位,形成胞囊呈白色小点状,肉眼可见。严重时鱼体浑身可见小白点,故称白点病。它引起体表各组织充血,鱼类感染小瓜虫后不能觅食,加之继发细菌、病毒感染,可造成大批鱼死亡,其死亡率可达$60\%\sim70\%$,甚至100%,对养殖生产带来严重威胁(图13-1,图13-2)。

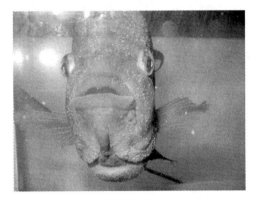

图 13-1　患小瓜虫病的花罗汉鱼

图 13-2　患小瓜虫病的金鱼

（2）小瓜虫的显微结构

把病鱼体表刮取物放在显微镜下，可见虫体呈圆球形，全身长满很多纵行排列的纤毛，在前端有一胞口和一呈马蹄形的大核。小核紧靠大核，在生活的标本上不易看到小核（图 13-3，图 13-4）。

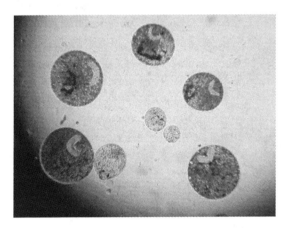

图 13-3　低倍镜下的小瓜虫

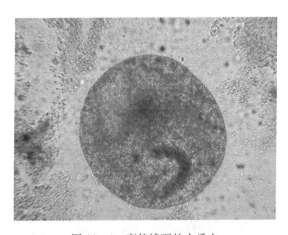

图 13-4　高倍镜下的小瓜虫

【实验报告】

撰写实验报告,包括实验目的、方法、结果和实验收获和心得(不少于 500 字)。

【注意事项】

注意观察患病鱼体的病症,实验过程中注意根据大核的结构特征来确定小瓜虫。海水品种的白点病是刺激隐核虫引起的,大核分成 4 个,以此可以与小瓜虫区别。

【思考题】

1. 描绘小瓜虫虫体形态结构,并标注各结构名称。

2. 小瓜虫主要寄生在鱼体什么部位,患病鱼有什么明显特征?

3. 如何对白点(小瓜虫)病进行预防和防治?

实验 14　纤毛虫之车轮虫的显微观察与识别

【实验目的】

通过对有关水族动物车轮虫病变标本及其病原体的观察,熟悉车轮虫形态特征和发病机理,进一步掌握该类寄生虫病的诊断和治疗方法。

【实验原理】

车轮虫,虫体侧面观如毡帽状,反面观如圆碟形,运动时如车轮转动样。隆起的一面为前面或称口面,相对凹入的一面为反口面。口面上有逆时针方向螺旋状环绕的口沟,其末端通向胞口。口沟两侧各生一行纤毛,形成口带,直达前庭腔。反口面的中间为齿环和辐线环。在辐线环上方有一马蹄形的大核,一个长形的小核和一个伸缩泡,其中部向体内凹入,形成附着盘,用于吸附在宿主身上。车轮虫用附着盘附着在鱼体的鳃丝或皮肤上,并来回滑动。游泳时一般用反口面向前像车轮一样转动,所以称为车轮虫。生殖为纵二分裂法和接合生殖。

患车轮虫病的鱼体呈黑色,瘦弱,摄食离群,游动缓慢,有的又成群围绕池边狂游,常引起鱼苗、鱼种的大批死亡。

【实验材料、器具和试剂】

1. 材料

患白点病的病变活体标本、各种小瓜虫的活体和固定标本。

2. 器具

解剖盘、解剖刀、解剖剪、镊子、解剖针、显微镜、擦镜纸、载玻片、盖玻片、胶头吸管、纱布或卷纸、多媒体显示系统等。

3. 试剂

生理盐水、碘液、香柏油、二甲苯、甘油、乙醇。

【实验内容】

使用玻片压缩法和载玻片法观察鱼体感染的车轮虫。

活体观察主要用于获取车轮虫的活体细胞的外形、运动形态、伸缩泡、食物泡内质颗粒等生物学特征。

1. 载玻片法

1) 将含有车轮虫的鳃组织剪下,放入 1.5 ml 离心管中。

2) 在离心管中加入 1 ml 纯净水(最好为养殖池水)。

3) 6 000 r/min 离心 10 min。

4) 用毛细吸管从离心管底吸一小滴虫体液滴于载玻片上。

5) 加盖玻片,在显微镜低倍镜下观察虫体形态,后转至油镜下进行观察。

6) 选取典型的特征进行拍照,记录,待进一步研究确定种类。

2. 车轮虫的显微结构

　　显微结构下的车轮虫，像一车轮，为扁圆形，从侧面看也呈钟形，有两圈纤毛，借助纤毛的摆动，使虫体在鱼体上滑行。在两圈纤毛之间有一胞口，能吃鳃组织细胞和红细胞，对鱼苗、鱼种危害较大(图 14-1,图 14-2)。

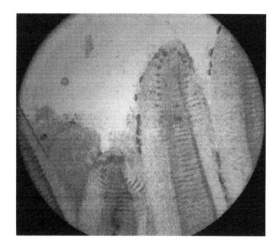
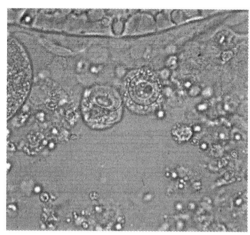

图 14-1　寄生在鳃上的车轮虫及其主要构造

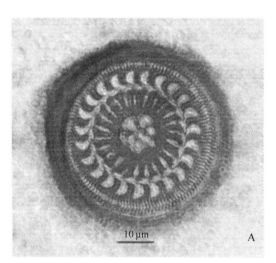
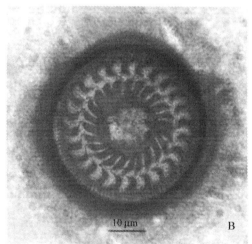

图 14-2　本种车轮虫的附着盘结构(×100)(干银法标本)

【实验报告】

　　撰写实验报告,包括实验目的、方法、结果和实验收获和心得(不少于 500 字)。

【注意事项】

　　实验过程中注意车轮虫各个结构的观察,并仔细观察车轮虫的运动状态。

【思考题】

　　1. 描绘虫体形态结构,并标注各结构名称。

　　2. 车轮虫主要寄生在鱼体什么部位? 患病鱼有什么明显特征?

实验 15　观赏鱼和虾(蟹)的固着性纤毛虫

【实验目的】

1. 了解观赏鱼和虾(蟹)的固着性纤毛虫的常见种类和危害。

2. 掌握固着性纤毛虫的基本结构和识别特征,以及对观赏鱼、虾(蟹)、猪鼻龟等常见的固着性纤毛虫引起的疾病诊断和控制技能。

【实验原理】

根据不同虫体的不同结构,区分各种固着性纤毛虫(表 15-1)。

表 15-1　几种固着性纤毛虫的区别

	单体或群体生活	有 无 柄	柄内有无肌丝	柄的收缩性
累枝虫	群体	有	无	不收缩
聚缩虫	群体	有	有	群体同步收缩
拟单缩虫	群体	有	有	"Z"形单独收缩
单缩虫	群体	有	有	"Z"形单独收缩
钟虫	群体	有	有	螺旋形单独收缩
杯体虫	单体	无	无	不收缩

【实验材料、器具和试剂】

1. 材料

患固着性纤毛虫病的活体标本(血鹦鹉、虾、蟹、猪鼻龟、小鳄龟)、各种固着性纤毛虫(钟形虫、聚缩虫、累枝虫)的活体和固定标本。

2. 器具

解剖盘、解剖刀、解剖剪、镊子、解剖针、显微镜、擦镜纸、载玻片、盖玻片、胶头吸管、纱布或卷纸、多媒体显示系统等。

3. 试剂

生理盐水、碘液、香柏油、二甲苯、甘油、乙醇。

【实验内容】

使用玻片制作水浸片法观察鱼体感染的固着性纤毛虫(图 15-1～图 15-3)。具体步骤参见实验 11。

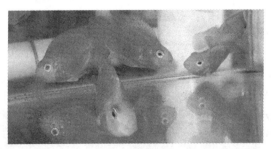

图 15-1　血鹦鹉固着性纤毛虫病

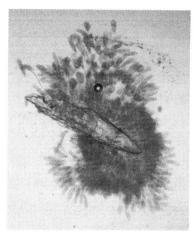

图 15－2　血鹦鹉固着性纤毛虫群体　　图 15－3　血鹦鹉固着性纤毛虫群体的部分个体

1. 累枝虫形态

柄较直且粗,柄透明无肌丝,故群体的柄是不收缩的。虫体前端有膨大的围口唇(缘唇)。

2. 聚缩虫形态

群体生活。单个个体呈倒钟形,群体上任何一个个体受到刺激收缩时,整个群体上的个体均一起收缩,因为群体中各虫体的柄内肌丝是相互连接的。肌丝多在柄鞘的中央而不呈波浪式扭曲,因而柄收缩时呈"之"形而不会呈螺旋形。聚缩虫常固着在他物上,如以柄固着于水下枯枝、水草之上。

3. 单缩虫形态

群体生活,单个个体形态与钟虫相似,肌丝在柄的分叉处互不连接,因此,某个个体受到刺激收缩时,肌丝不连接的其他个员不会收缩,只限该虫体和柄收缩,群体中的其他个体不收缩。但随着刺激增大,群体部分个体乃至全部个体也可以一起收缩。柄内肌丝扭曲,柄收缩时螺旋盘绕。个体长 80～125 μm,群体大的可至 6～7 mm,肉眼可见,看上去似白绒毛,常附着水体物体或水生植物上。

4. 钟虫形态

群体生活的种类,柄分叉呈树枝状,每根枝的末端挂着钟形的虫体(图 15－4)。无论

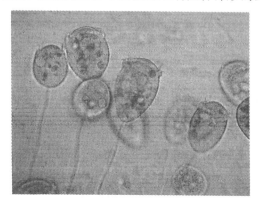

图 15－4　固着在观赏虾附肢上的钟虫

是单个的或是群体的种类,在废水生物处理厂的曝气池和滤池中生长都十分丰富,能促进活性污泥的凝絮作用,并能大量捕食游离细菌而使出水澄清。因此,它们是监测废处理水效果和预报出水质量的指示生物。

体呈吊钟形,钟口盘状口区周围有一肿胀的镶边,其内缘着生三圈反时针旋转的纤毛(他处概无纤毛)。口盘与镶边均能向内收缩。口自镶边内缘斜入体内,有一振动的波动膜。大核马蹄形,小核粒状。身体反口面的顶端有一长柄,用以附着他物,内有肌束,当虫体收缩时,也可螺旋状卷曲。产于淡水中。单体,但常簇生。

5. 杯体虫形态

为附生纤毛虫。身体充分伸展时呈杯状,前端粗,向后变狭(图15-5)。前端有1个圆盘形的口围盘。口围盘四周有3层口缘膜结构。缘膜由纤毛构成,但不一定全连成一片。口围盘内尚有1个左转的口沟,后端与前庭相接。前庭不接胞咽。口缘膜中间的2圈,沿口沟两边,随口沟环绕,外面一圈直至前庭,变为波动膜。在体中部或之后,有1个圆形或三角形的大核。小核在大核之侧,一般呈细长的棒状。与体轴平行。在前庭附近有1个伸缩泡。体后端有1个附着盘,具有弹性纤维丝。体表有细致横纹。虫体收缩时,口围盘先收缩。口围盘纤毛作束状,外伸于体外,再渐缩入,身体顶端仅留一小孔,有时缩成茄子状。

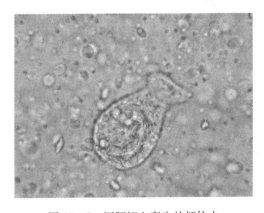

图15-5 河豚鳃上寄生的杯体虫

【实验报告】

1. 描述观赏鱼的固着性纤毛虫病的临床症状及其危害。

2. 绘镜检实验标本的单体和群体图,并加以注释。

【注意事项】

1. 采样时要看准是患病部位,即采到绒毛状寄生物。

2. 制片时水不要放得过多,盖玻片盖上后无水溢出为好。

3. 镜检时要看到重要结构:纤毛、大核、柄,虫体和柄的收缩形态变化。

【思考题】

简述固着性纤毛虫的种类、危害和控制技术。

实验 16 孢子虫的显微观察与识别

【实验目的】

1. 了解孢子虫的病变标本及常见属的形态。
2. 了解各种孢子虫的危害对象、流行范围、传播途径。
3. 掌握其病原体特征、诊断方法和防治方法。

【实验原理】

使用玻片压缩法和载玻片法观察鱼体感染的孢子虫。

【实验材料、器具和试剂】

1. 材料

患孢子虫病的病变标本、各种孢子虫的活体和固定标本。

2. 器具

解剖盘、解剖刀、解剖剪、镊子、解剖针、显微镜、擦镜纸、载玻片、盖玻片、胶头吸管、纱布或卷纸。

3. 试剂

生理盐水、碘液、香柏油、二甲苯、甘油、乙醇。

【实验内容】

1. 病鱼的检查

(1) 体表

首先肉眼检查鱼的体表,将新鲜鱼标本放在解剖盘上,首先要注意鱼的颜色和肥瘦等情况,并注意明显的可辨别的病象。注意表皮和鳞片有无黏附着肉眼可见的寄生虫,用镊子把鳍拉开,对着光仔细检查。在体表各部分,往往会发现有白色的黏孢子虫、微孢子虫的胞囊和小瓜子虫的囊泡,有时还可发现白色线状的肤孢子虫包在一个囊泡里。另外,用解剖刀刮取体表的黏液(附带检查一些鳞片),用显微镜或解剖镜检查(图 16-1)。

图 16-1 病鱼的解剖图

(2) 鼻腔

先用肉眼仔细观察,有无大型寄生虫或病状,然后用小镊子或微吸管从鼻孔里取少许内含物,用显微镜检查,可能会发现黏孢子虫等原生动物。随后用吸管吸取少许清水注入鼻孔中,再将液体吸出,放在培养皿里(要多吸几次),用低倍显微镜或解剖镜观察。

(3) 鳃

检查鳃时,要用剪刀将左右两边的鳃完整地取出,分开放在培养皿里,并附上

"左"和"右"。首先仔细观察鳃上有无肉眼可见的寄生虫,鳃的颜色和其他病象,并尽量详细地把情况记录下来(左右鳃要分别说明)。肉眼检查完毕,用小剪刀剪取一小块鳃组织,放在载玻片上,滴入适量的清水,盖上盖玻片,在显微镜下检查。另外,用镊子把每片鳃片上的污物完全刮下,放在培养皿里,用清水稀释搅匀后,在解剖镜或低倍显微镜下检查。

(4)体腔

首先要将鱼剖开,这时候不要急于把内脏取出或弄乱,首先要仔细观察显露出来的器官,有无可疑病变,同时注意肠壁上、脂肪组织、肝脏、胆囊、脾、鳔等有无寄生虫。如果发现有白点,可能是黏孢子虫或微孢子虫。肉眼检查完后,接着把腹腔液(如果是患重病的鱼,体腔内还往往有许多半透明状的液体,叫"腹水")用吸管吸出,置于培养皿里,用显微镜或解剖镜检查。

(5)胃和肠

检查胃肠时,首先取肠的外壁上的脂肪组织,先用肉眼观察,如果发现白点,肉眼无法确定时,可用镊子取出,放在载玻片上,盖上盖玻片,轻轻地把它压破,用显微镜检查,可能是黏孢子虫或微孢子虫。将肠外壁的脂肪组织尽量去除干净,之后把肠前后伸直,摆在解剖盘上,先用肉眼检查,肠外壁上往往有许多小白点,通常是黏孢子虫或微孢子虫的胞囊。肉眼检查完后,再分前、中、后三部分检查,即在前肠(胃)、中肠和后肠三段上,各取一点,用尖的剪刀从与肠平行的方向剪开一个小小的切口,用镊子从切口取一小滴内含物放在载玻片上,滴上一小滴生理盐水,盖上盖玻片,在显微镜下检查,每一部分再同时检查两片。如果有盲囊的鱼,也同检查肠一样进行检查。但不要忘记,当检查完每一部分肠时,要把镊子洗干净后,才可再用来取另一部分的肠内含物。在检查的过程中,不要把肠全部剪开,而要先在前、中、后各段剪开一小口来取内含物,目的是检查原生动物,如果发现其中某一部分的肠里有些原生动物,需要把该部分的肠固定保存一小段的标本,为以后作组织切片,观察它的病理或寄生虫的生活史作准备,保持肠的横切面切片的完整。按上述方法检查完原生动物后,可用剪刀小心地把整条肠剪开。整条肠剪开后,先用肉眼观察,注意肠内壁上有无白点或溃烂等现象。如果有白点,通常是黏孢子虫,有时也会是微孢子虫。检查完毕后,可把肠按前、中、后三段剪断(如果是小鱼的肠可整条压),把肠的内含物都刮下来,放在培养皿里,加入生理盐水稀释并搅匀,在解剖镜下检查。

(6)肝

检查肝脏,先用肉眼观察外表,注意它的颜色,有无溃烂、病变、白点和瘤等表现。在肝的表面,如果有白点,往往是黏孢子虫、微孢子虫或球虫。外表观察完毕,用镊子从肝上取少许组织放在载玻片上,盖上盖玻片,轻轻压平,在低倍和高倍显微镜下观察,可发现黏孢子虫、微孢子虫等的孢子或胞囊。

(7)脾

检查脾脏的方法和检查肝脏相同,往往可发现黏孢子虫的孢子或胞囊。

(8)胆囊

取出胆囊,放在培养皿里,先观察外表,注意它的颜色有无变化或其他可疑的病象等,然后取一部分胆囊壁,放在载玻片上,盖上盖玻片,压平,放在显微镜下观察。胆汁另行检查,在胆囊里,可能发现黏孢子虫、微孢子虫。

（9）心脏

用小剪刀剪开围心腔,剪下心脏,最好能把心脏和大的血管一起取下,放在盛有生理盐水的培养皿里。检查完外表之后,把心脏剪开,用小镊子取一滴内含物,用显微镜检查,可能发现黏孢子虫。

（10）鳃

取出鳃时,不要把它弄破,先观察它的外表,再把它剪开,用镊子剥取鳃的内壁和外壁的薄膜,放在载玻片上排平,滴入少许生理盐水,在显微镜下观察,可能发现黏孢子虫的孢子和胞囊。

（11）肾

肾脏紧贴在脊柱的下面,取出肾时,要尽量把整个肾完整地取出,也像检查肝和脾等器官一样进行检查,如果肾脏很大,用显微镜检查时,要前、中、后三部分各检查两片。在肾脏内可能发现黏孢子虫、球虫、微孢子虫。

（12）膀胱

取出膀胱和输尿管后,用小剪刀把它们剪开,用显微镜或解剖镜检查,分别检查它们的内含物和壁膜。

（13）性腺

性腺有左右两个,将其小心地取出来,先用肉眼观察它的外表,如果有很小的白点,往往是微孢子虫的胞囊。还可能发现黏孢子虫或球虫。

（14）眼

用弯头镊子或小剪刀,从眼窝里挖出眼睛放在玻璃皿或玻璃片上,剖开巩膜,取出玻璃体和水晶体,在低倍显微镜或解剖镜下检查。

（15）脑

可用尖锐的解剖刀或剪刀,按水平方向,从后面向前,在后脑和眼睛之间剪开头盖骨上壁,可见充满着淡灰色泡沫状的油脂物质,用吸管把它吸出,放在玻皿里检查,吸净油脂物质后,灰白色的脑即显露出来,用剪刀把它完整地取出来,像检查肝、脾等器官一样检查,可能发现黏孢子虫。

（16）脊髓

取出脊髓的方法：可从头部与躯干交接处把脊椎骨剪断,再把身体的尾部与躯干交接处的脊椎骨也剪断,用剪子从前段的段口插入脊髓腔,把脊髓夹住,慢慢地把脊髓整条拉出来,然后像检查肠和肾一样,分前、中、后三部分检查,可能发现黏孢子虫(图16-2)。

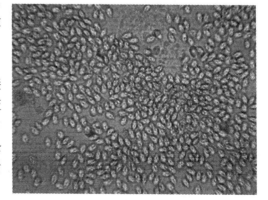

图 16-2　低倍镜下的孢子虫

（17）肌肉

检查肌肉,首先要用锐利的解剖刀,从身体的一侧前剖割开一部分皮肤,再用镊子把皮肤剥去;或用一根小棍棒(玻璃棒或竹棒)像

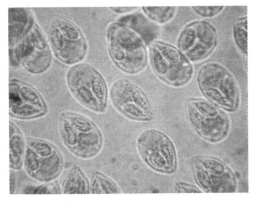

图 16-3　油镜下的孢子虫

卷纸筒一样,慢慢地把皮肤卷剥,剥取皮肤后,肌肉即露出来,用肉眼检查后,先在前、中、后等部分取一小片肌肉放在载玻片上,盖上盖玻片,轻轻压平,在显微镜下观察,再用压缩法检查(图 16-3)。

2. 几种孢子虫的特征

(1)艾美虫

艾美虫,属球虫目,艾美亚目。

寄生在鱼类肠壁。在其发育过程中,都要产生圆形或椭圆形的卵囊,卵囊的直径为 $6\sim14~\mu m$,卵囊外面有一层厚且透明的卵囊膜,有一小且不明显的卵孔,卵孔上有一盖。成熟的卵囊具有 4 个孢子,每个孢子有 2 个长且弯的孢子体和一个孢子残余体,每个孢子体有 1 个胞核。在卵囊膜内还有卵囊残余体和 1~2 个极体。

(2)碘泡虫

寄生于饲养鱼类的体表、鳃、肌肉、心脏、肠道、中枢神经及感觉器官,可形成肉眼可见乳白色球形胞囊。碘泡虫的孢子一般呈卵形、梨形、椭圆形,表面光滑或具褶皱,具有两个梨形的极囊,位于孢子的一端,胞核不易见到,胞质中有 1 个明显的嗜碘泡。

图 16-4　病鱼体内寄生碘泡虫

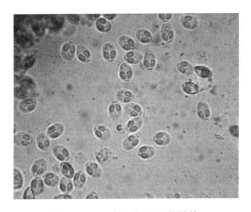

图 16-5　碘泡虫的显微结构

(3)黏体虫

可寄生在鱼的体表和鳃部,但多数寄生在内部组织器官。如中华黏体虫寄生于锦鲤的肠、胆、脾、肾、膀胱等处;脑黏体虫寄生于鲢、鲷的大肠、肾、脊髓、心脏、膀胱等处。黏体虫的孢子壳面观呈圆形、卵形、椭圆形,两个梨形的极囊位于前段,无嗜碘泡,这是与碘泡虫最大的区别。

(4)单极虫

寄生于锦鲤、金鱼等鱼体的皮肤、鳃、肠壁等处。如鲤单极虫往往寄生在锦鲤、金鱼的体表和体内各器官。当大量寄生在体表时,由于病原体的胞囊逐渐增大,迫使被寄生处的鳞片竖起(见图 16-4)。单极虫的孢子壳面观为梨形或瓜子形,有 1 个较大的极囊和 1 个明显的嗜碘泡,极丝粗而明显地盘绕于极囊内(图 16-5,图 16-6)。

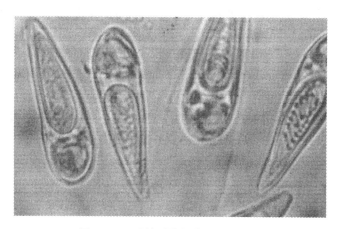

图 16-6 油镜下单极虫的显微结构

(5)两极虫

多数寄生在鱼的胆囊、膀胱和肾脏里,少数寄生于鱼体的其他组织器官内。两极虫的孢子纺锤形,两端尖或钝圆;两个梨形或圆形的极囊分别位于孢子的两端;缝线直或稍弯,壳面一般具条纹;没有嗜碘泡。

(6)四极虫

大多寄生在鱼的胆囊,严重感染时,胆汁变为淡黄色。四极虫的孢子呈圆形或球形,壳面常有弧形的条纹,有四个极囊且都集中在前段,无嗜碘泡。

(7)格留虫

格留虫属(Glugea),隶属微孢子目,单丝亚目(Monocnidea),微粒子科(Nosematidae)。主要寄生在鱼的消化道及其他组织中。大量寄生时,可使鱼体细胞肿胀,同时引起鱼体严重变形。格留虫的孢子呈圆形或卵形,前端稍狭,后端较宽。顶面观呈圆形,有一极囊,胞质内有圆形的胞核和一卵形液泡。

(8)肤孢虫

主要寄生于鱼的体表或鳃上。肉眼可见的特征是出现灰白色香肠形(肤孢虫)、带形(广东肤孢虫)或线形(野鲤肤孢虫)的胞囊。肤孢虫的孢子圆球形,孢子小,直径 4～14 μm,孢子的外围有一层透明膜,孢子内偏心位置有一个大而圆的折光体。折光体与胞膜之间还有一球形的胞核,胞核中央有 1 个大而色深的核内体。胞质里往往散布着少许大小不一的胞质内含物。

【实验报告】

描述孢子虫的虫名、寄主、寄生部位,描绘虫体形态结构。

【注意事项】

1. 解剖体腔时,用左手将鱼握住(如果是比较小的鱼,可在解剖盘上用粗硬镊子把鱼夹住进行解剖),使腹面向上,右手用剪刀的一枝向肛门插入。先从腹面中线偏向准备剪开的一边腹壁,像横侧剪开少许,而后,沿腹部中线一直剪至口的后缘。剪的时候,要将插入的一支剪尖稍微向上翘起,避免将腹腔里面的肠或其他器官剪破,沿腹线剪开之后,再将剪刀移至肛门,朝向侧线,沿体腔的后边剪断,再与侧线平行地向前一直剪到鳃盖的后角,剪断其下垂的肩带骨,然后再向下剪开鳃腔膜,直到腹面的切口,将整块体壁剪下,体腔里的器官即可显露出来。

2. 检查胃肠内部时,必须把外面的脂肪组织清理干净,否则,许多脂肪油滴混进肠的内含物里,会妨碍观察。

3. 检查胆囊时,取出胆囊要特别小心,不要把它弄破,否则胆汁溢出,既会沾染其他器官,产生寄生虫寄生部位的混乱,同时在胆汁中的许多寄生虫,随胆汁溢出,也就检查不出。

4. 取出膀胱时要特别小心,因为膀胱往往不大明显,容易被忽略。要完整地取出膀胱,首先,要把接近膀胱附近的一部分肌肉一起剪下来,放在玻片上,仔细地找出膀胱和两根输尿管,将它从附带的肌肉上分离出来,没有膀胱的鱼,则检查输尿管。

【思考题】

1. 孢子虫有哪些类型和主要种类?

2. 如何对孢子虫病进行防治?

实验 17　寄生蠕虫之指环虫的
显微观察与识别

【实验目的】

了解如何在显微镜下识别指环虫的形态结构，以正确诊断指环虫病。

【实验原理】

指环虫分类地位属于扁形动物门吸虫纲单殖亚纲。虫体通常为长圆形，动作像尺蠖，寄生在各种鱼类的鳃上，身体前端有 4 个瓣状的头器常常伸缩，头部背面有 4 个眼点，在体后端腹面有一个圆形的固着盘，盘的中央有 2 个大锚，盘的边缘有 14 个小钩，在两大钩之间有 1～2 条横棒相连。口通常呈管状，可以伸缩，位于身体前端腹面靠近眼点附近，口下接一圆形的咽，咽下为食管，接着是分 2 支的肠，2 条肠的末端通常在后固着盘的前面相连，使整个肠成环状，但也有不相连而呈直管状的。指环虫为雌雄同体，有一个精巢和一个卵巢，卵大而量少，通常在子宫中央有一个卵，但能继续不断地产卵，所以繁殖率也相当高。卵产出后就沉入水底，经数日后即孵出幼虫，幼虫在水中游泳，遇到适当的寄主时附于其鳃上，脱去纤毛发育成为成虫。

大量寄生时，病鱼鳃丝黏液增多，全部或部分苍白，呼吸困难，鳃部显著浮肿，鳙鱼更为明显。鳃盖张开，病鱼游动缓慢，贫血，单核球和多核白细胞增多。小鞘指环虫病病鱼消瘦，眼球凹陷，鳃局部充血、溃烂，鳃瓣与鳃耙表面分布着许多由大量虫体密集而成的白色斑点。胆囊增大，呈褐色，鳃前室显著大而后室异常小，肝为土黄色。显微镜下即可确诊。

主要病原为鳃片指环虫、小鞘指环虫、鳙指环虫、坏鳃指环虫。

【实验材料和器具】

1. 材料

实验用病鱼。

2. 器具

载玻片、盖玻片、滴管、烧杯、尖头镊子、剪刀、解剖针、解剖刀、显微镜。

【实验内容】

1. 病鱼体表观察

观察病鱼体表有无异常，打开鳃盖可见鳃丝有肿胀、暗红色、黏液增多等临床症状。

2. 指环虫的显微结构

1) 肉眼进行观察，辨别此种寄生虫寄生后鱼体的显著特征。

2) 用解剖针挑取病变组织，制作临时装片，进行显微观察。

3) 在显微镜下对虫体进行识别并绘制虫体的显微观察图(图 17-1～图 17-4)。

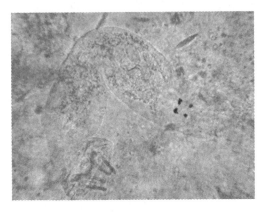

图 17-1 显微镜下指环虫的成虫

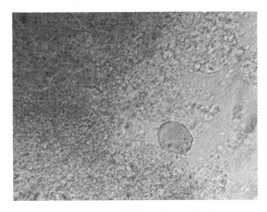

图 17-2 显微镜下指环虫的卵

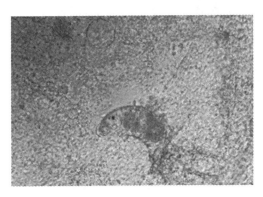

图 17-3 显微镜下指环虫的幼体

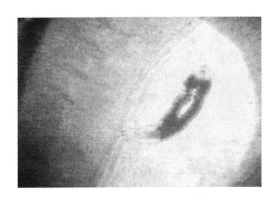

图 17-4 显微镜下指环虫的带卵成虫

【实验报告】

绘制显微观察到的虫体图并标注各个结构名称。

【注意事项】

1. 制作水浸片一定要符合规范操作，显微镜观察时由低倍镜逐渐转换到高倍镜。

2. 注意识别指环虫的成体、幼体、卵。

【思考题】

1. 了解更多的关于此类寄生虫的形态及寄生情况。

2. 搜集和了解关于此种寄生虫的防治方法。

实验 18 寄生蠕虫之三代虫的显微观察与识别

【实验目的】

了解如何在显微镜下识别三代虫的形态结构,以正确诊断三代虫病,并能与指环虫病区别诊断。

【实验原理】

三代虫属于扁形动物门吸虫纲的单殖亚纲。

虫体扁平纵长,前端有两个突起的头器,能够主动伸缩,又有单细胞腺的头腺一对,开口于头器的前端,此虫没有眼点,口位于头器下方中央,下通咽、食道和两条盲管状的肠在体两侧。体后端的固着器为一大形的固着盘。盘中央有 2 个大钩,大钩之间有 2 条横棒相连,盘的边缘有 16 个小钩,有秩序地排列着。三代虫用后固着器上的大钩和小钩固着在寄主的身上,同时前端的头腺也分泌黏液,用以粘着在寄主体上或像尺蠖一样地慢慢爬行。三代虫是雌雄同体,有卵巢 2 个及精巢 1 个,位于身体后部。三代虫为卵胎生,在卵巢的前方有未分裂的受精卵及发育的胚胎,在大胚胎内又有小胚胎,因此称为三代虫。

三代虫寄生于鱼类体表及鳃上,对鱼苗及春花鱼种危害很大,能造成体表的创伤,病鱼皮肤上形成灰白色无光泽的黏液膜,并常伴有蛀鳍现象的出现。鱼初呈极度不安,狂游于水中或是身体摩擦池壁游动,并可见鱼在水面上不断跳跃,继则食欲不振、消瘦,以致死亡。通常肉眼观察上未见明显症状。镜检时体表、各鳍以及腮部有该虫的寄生。

主要病原为鲩三代虫、鲢三代虫、鳗鲡三代虫等。

【实验材料和器具】

1. 材料

实验用病鱼。

2. 器具

载玻片、盖玻片、滴管、烧杯、尖头镊子、剪刀、解剖针、解剖刀、显微镜。

【实验内容】

1. 病鱼体表观察

肉眼进行观察,辨别此种寄生虫寄生后鱼体的显著特征(图 18-1)。

2. 三代虫的显微观察

1)用解剖针挑取病变组织,制作临时装片,进行显微观察。

2)在显微镜下对虫体进行识别并绘制虫体的显微观察图(图 18-2)。

【实验报告】

绘制显微观察到的虫体图并标注虫体各个结构名称。

【注意事项】

制作水浸片一定要符合规范操作,显微镜观察时由低倍镜逐渐转换到高倍镜。

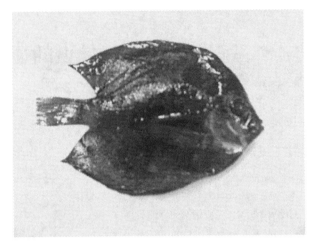

图 18-1　三代虫寄生在七彩神仙鱼的鳃上

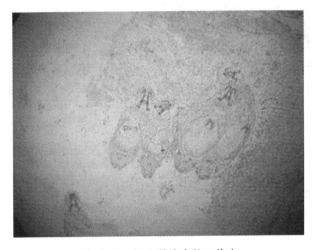

图 18-2　鳃上黏液中的三代虫

【思考题】

　　1. 了解更多的关于此类寄生虫的形态及寄生情况。

　　2. 搜集和了解关于此种寄生虫的防治方法。

实验 19　寄生蠕虫之本尼登虫的显微观察与识别

【实验目的】

了解如何在显微镜下识别本尼登虫的形态结构。

【实验原理】

本尼登虫属是扁形动物门、吸虫纲、单殖亚纲、分室科的一属。

其前吸器为吸盘样,后吸器不分隔,但具 3 对形态各异的中央大钩。咽平滑或为锯齿状。肠具侧枝,后端不汇合。睾丸边缘完整或有缺刻。前列腺囊位于阴茎囊之外,共同开口于生殖腔,在左前吸盘后水平之边缘或亚边缘。卵巢完整,中位,紧位于睾丸之前。卵具极丝。阴道亚中位、边缘开口,卵黄腺贮囊较致密,在卵巢之前或前侧面。

本尼登虫主要寄生于海水鱼类。初期病鱼体表有白点,继而扩展成白斑块,有的鱼体尾鳍溃烂,眼睛变白,似白内障症状,严重者,眼球红肿充血突出或脱落,病鱼焦躁不安,不断狂游,或摩擦网衣使鳞片脱落,造成继发性感染,体表出现严重溃疡;食欲减退,有的浮于水面,游动迟缓,最后衰弱、死亡。养殖的鰤、鲷、石斑鱼和大黄鱼等鱼类全年均可发病。以春、秋季最为常见。

主要病原是石斑本尼登虫或鰤本尼登虫。

【实验材料和器具】

1. 材料

实验用病鱼。

2. 器具

载玻片、盖玻片、滴管、烧杯、尖头镊子、剪刀、解剖针、解剖刀、显微镜。

【实验内容】

1. 病鱼体表观察

肉眼进行观察,辨别此种寄生虫寄生后鱼体的显著特征(图 19-1)。

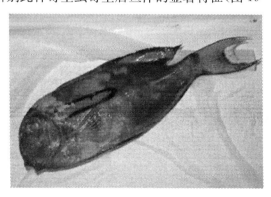

图 19-1　被本尼登虫寄生的病鱼体表

2. 本尼登虫的显微结构

1) 用解剖针挑取病变组织,制作临时装片,进行显微观察。

2) 在显微镜下对虫体进行识别并绘制虫体的显微观察图,标注观察到的虫体各个部位的名称(图 19-2)。

图 19-2　本尼登虫的显微结构

【实验报告】

绘制显微观察到的虫体显微图并标注虫体各个结构名称。

【注意事项】

临时装片的制作一定要符合规范操作,显微镜观察时应由低倍镜逐渐转换到高倍镜。

【思考题】

1. 了解更多的关于此类寄生虫的形态及寄生情况。

2. 搜集和了解关于此种寄生虫的防治方法。

实验 20　大中华鳋的显微观察与识别

【实验目的】

熟悉大中华鳋形态特征,进一步掌握该类寄生虫病的诊断方法。

【实验原理】

大中华鳋常寄生于草鱼上,雌雄异体,雌虫幼虫时自由生活,在有卵囊时寄生在鱼鳃上;雄虫终身营自由生活。

显微观察寄生在草鱼鳃上的大中华鳋,虫体较细长,体长 2.54～3.30 mm。头部半卵形,头胸间假节甚长,第一至第四胸节宽度相等,生殖节特小,腹部极长,卵囊细长,含卵 4～7行,卵小而多。它的大钩除可钩破鳃组织,夺取鱼的营养以外,还可能分泌一种酶的物质,刺激鳃组织,使组织增生,病鱼的鳃丝末端肿胀发白、变形,严重时,整个鳃丝肿大发白,甚至溃烂,使鱼死亡。雌虫用大钩钩在鱼的鳃丝上,像挂着许多小蛆,所以中华鳋病又叫"鳃蛆病"。

【实验材料、器具和试剂】

1. 材料

患大中华鳋病变活体标本、各种大中华鳋的固定标本。

2. 器具

解剖盘、解剖刀、解剖剪、镊子、解剖针、显微镜、擦镜纸、载玻片、盖玻片、胶头吸管、纱布或卷纸、多媒体显示系统等。

3. 试剂

生理盐水、碘液、香柏油、二甲苯、甘油、乙醇。

【实验内容】

1. 病鱼体表观察

大中华鳋往往寄生在 2 龄以上的草、青鱼鳃上。鲢中华鳋寄生在 1 龄以上的鲢、鳙鱼的鳃上。打开鳃盖,肉眼可见在鳃丝末端许多白色的小蛆即中华鳋(图 20-1)。病鱼在水中跳跃不安,食欲减退或不摄食。鲢、鳙鱼感染后往往将尾鳍露出水面,故又有"翘尾巴病"之称;病鱼鳃丝局部发炎、肿胀、颜色发白。严重感染时,病鱼常因呼吸困难而死亡。

(2) 大中华鳋的显微观察(图 20-2)

制作水浸片观察鱼体感染的大中华鳋。大中华鳋身体(图 20-3)分成前体和后体两部分,以活动关节为界。头部与第 1 胸节分开或合并成头胸部;第 2～5 胸节向后趋窄,4、5 胸节之间有一活动关节;第 6 胸节为生殖节,雌、雄性形状不同;腹部 3 或 4 节,尾叉长柱形或短柱形。胸足多数 5 对。大中华鳋的雌、雄性外形相似。卵生。

图 20-1　病鱼鳃部的大中华鳋

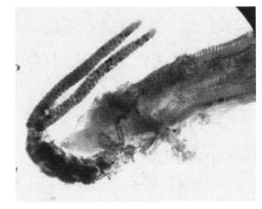

图 20-2　草鱼大中华鳋的显微结构

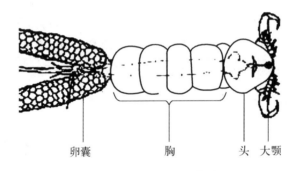

卵囊　　　　　胸　　　　头　大颚

图 20-3　大中华鳋的模式图

【实验报告】

撰写实验报告,包括实验目的、方法、结果和实验心得(不少于 500 字)。

【注意事项】

注意观察患病鱼体的病症,实验过程中注意根据虫体大小和胸节的区别来确定大中华鳋。

【思考题】

1. 描绘虫体形态结构,并标注各结构名称。

2. 大中华鳋病主要寄生在鱼体什么部位? 患病鱼有什么明显特征?

3. 如何对大中华鳋病进行预防和防治?

实验 21　锚头鳋的显微观察与识别

【实验目的】

熟悉锚头鳋的形态特征、生活特点及寄生部位，能够快速检查与识别锚头鳋寄生所引起的鱼病。

【实验原理】

锚头鳋寄生在鲢、鳙鱼等鳞片较小的鱼体表，可引起周围组织红肿发炎，形成石榴子般的红斑；或寄生在草鱼、鲤鱼等有较大鳞片的鱼的皮肤上，寄生部位的鳞片被"蛀"成缺口，在虫体寄生处亦出现充血的红斑，但肿胀一般较不明显。由于虫体前端钻在寄主组织内，后半段露出在鱼体外，老虫的体表又常有大量累枝虫、钟虫的附生，因此，当严重时，鱼体上好似披着蓑衣，故有"蓑衣病"之称。根据锚头鳋的寄生特点，可判断病原是否为锚头鳋。

【实验材料、器具和试剂】

1. 材料

患有锚头鳋病的鱼。

2. 器具

显微镜、解剖镜、解剖盘、尖头镊子、剪刀、解剖针、解剖刀、直尺、药棉、盖玻片、载玻片、胶头滴管、吸水纸等。

【实验内容】

1. 病鱼体表观察

首先注意鱼的颜色和肥瘦等情况，并注意明显特征的观察。例如：鳃颜色的变化、表皮的出血、蛀鳞情况。再注意观察表皮所寄生的锚头鳋，用镊子把鳍拉开，对着光仔细观察(图 21-1)。

图 21-1　被锚头鳋寄生的金鱼体表

2. 解剖镜、显微镜观察

（1）玻片压缩法

取两片厚度约 3～4 mm，大小约 6 cm×12 cm 的玻片（用普通的玻璃板切成适当大小，边缘磨平即可），先将锚头鳋放在玻片上，滴入适量的清水，用另一玻片将它压成透明的薄层即可放在解剖镜下检查，检查时把玻片从左到右或者从右到左慢慢地移动，仔细观察锚头鳋的整体结构。

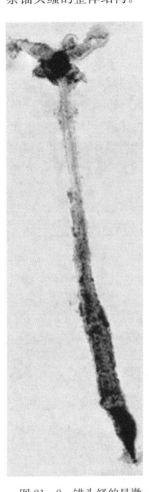

图 21-2　锚头鳋的显微
结构（拼接图）

（2）载玻片法

用镊子把锚头鳋放在一干净的载玻片上，滴一滴清水，（滴入的水，以盖上盖玻片后水分不溢出盖玻片的周围为度）。盖上干净的盖玻片轻轻地压平之后，先在低倍显微镜下检查，如发现有锚头鳋，再用高倍显微镜观察（图 21-2）。

虫体分头、胸、腹三部分。雄性锚头鳋始终保持剑水鳋型的体形；而雌性锚头鳋在开始营永久性寄生生活时，体形就发生巨大的变化，虫体拉长，体节融合成筒状，且扭转，头胸部长出头角。头胸部由头节与第一胸节融合而成，顶端中央有 1 个半圆形的头叶，在头叶中央有 1 个由 3 个小眼组成的中眼。在中眼腹面着生 2 对触肢和口器，口器由上、下唇及大颚、小颚、颚足组成；第一触肢短小，共分 4 节（雄性锚头鳋有 7 节）；第二触肢更为短小，共 3 节；大颚为 1 对细长的光滑尖刺，向后向内侧完成浅"S"形，尖端可达口孔中央；小颚基部粗大，顶端各生 1 对剪刀状的大刺，相向弯曲成半圆形，2 对大刺在中线相遇；颚足着生在小颚以后较远，共分 2 节，基部既长又粗壮，顶端各着生 1 小突起，其上有一小刺，第二节短粗，顶端生指状爪 5 个。

胸部和头部之间没有明显的界线，一般自第一游泳足之后到排卵孔之前为胸部，通常胸部自前向后逐渐膨大，至第五游泳足之前最为膨大，有时向腹面突出成 1～2 个馒头状的突起，叫生殖节前突起，5 对游泳足均为双肢型，前四对游泳足基部两节，内外肢各为 3 节，上具刚毛若干，在每对游泳足的第一基节之间有 1 条连接板相连；第五游泳足很小，外肢为 1 乳头状突起，顶生 1 根刚毛，内肢 1 节，末端着生刚毛

4 根。雄性锚头鳋在生殖节上有第六游泳足。雌性锚头鳋在生殖季节常带有 1 对卵囊，卵多行，内含卵几十个至数百个。腹部很短小，在末端上有 1 对细小的尾叉和长、短刚毛树根。

根据虫体的不同发育阶段，可将成虫分为"童虫"、"壮虫"、"老虫"三种形态。"童虫"状如细毛，白色，无卵囊；"壮虫"身体透明，肉眼可见体内肠蠕动，在生殖孔处常有 1 对绿色的卵囊，若用手触动时，虫体可以竖起；"老虫"身体浑浊不透明，变软，体表常着生许多原生动物，如累枝虫、钟虫等。

3. 寄生部位

锚头鳋寄生在鱼的鳃、皮肤、鳍、眼、口腔、头部等处,只有雌性成虫才营永久性寄生生活,桡足幼体营暂时性寄生生活。

【实验报告】

1. 认真观察并记录患病鱼体的特征。

2. 认真观察并描述解剖镜和显微镜下锚头鳋的结构特征。画出锚头鳋的结构示意图,并注明各个部位的名称。

【注意事项】

锚头鳋的头部插入鱼体,所以要先把鱼体的肌肉撕开,再用镊子把锚头鳋取下,小心操作,以防把头部拉断。

【思考题】

1. 患锚头鳋病的鱼体表症状有哪些?

2. 锚头鳋虫体的发育阶段有哪几个? 具体特点是什么?

3. 锚头鳋的寄生部位有哪些?

4. 寄生在鱼体上的锚头鳋是雄性还是雌性?

5. 简要说明锚头鳋是怎样危害鱼体的。

实验 22　鱼鲺的显微观察与识别

【实验目的】

熟悉鱼鲺的形态特征、生活特点及寄生部位,能够快速检查与识别鱼鲺寄生所引起的鱼病。

【实验原理】

鱼鲺虫体大而扁平,颜色常与寄主体色相仿,故肉眼可观察体型,在显微镜下可以观察到其形态结构。

【实验材料和器具】

1. 材料

患有鱼鲺病的鱼。

2. 器具

显微镜、解剖盘、尖头镊子、剪刀、解剖针、解剖刀、直尺、药棉、盖玻片、载玻片、胶头滴管、吸水纸等。

【实验内容】

1. 鱼鲺形态特征的观察(图 22-1～图 22-3)

用镊子把鱼鲺放在一干净的载玻片上,滴一滴清水(滴入的水,以盖上盖玻片后水不溢出盖玻片的周围为度),盖上干净的盖玻片轻轻地压平之后,先在低倍镜下检查,再用高倍镜仔细观察鱼鲺的各个器官组织。

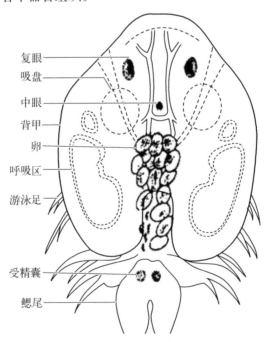

图 22-1　日本鱼鲺模式图

图 22-2　患鲺病的鳜鱼

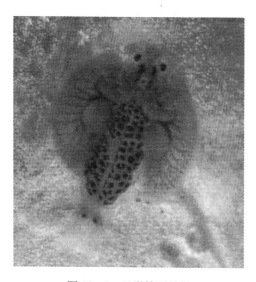

图 22-3　显微镜下的鲺

　　鱼鲺虫体大而扁平,雌鲺较雄鲺大,分为头、胸、腹三部分。头部两侧向后伸延形成如马蹄形的背甲,常与第一胸节融合,在其腹面边缘布满无数倒生的小刺;背甲前端向腹面弯成一倒置三角形,上面有不规则的花纹。头部有复眼1对,呈肾脏形,由许多小眼组成。中间有1只中眼,由3个单眼组成。附肢5对,第一触肢由2节组成,第一节的基部向后延伸而成1个三角形突起,第二节基部也有1个尖端向后的突起,背面有1个尖端向前的刺突,第二节顶端有1个尖端向后的钩,在钩内还有1个直棘状的内钩,鞭由2节组成,其上各有刚毛数根;第二触肢由2节组成,第一节基部有1个角状突起,在突起附近有一隆起,上具有刚毛数根,鞭部由3节组成,其上各有刚毛数根。口管呈短圆筒形,由上、下唇组成。口管内有1对大颚,1对小颚在成虫时变为1对吸盘,位于口管两旁。颚足由5节组成。胸部四节,第一节常与头部融合,有四对游泳足,双肢型。基节由前底节、底节和基节3节组成;前2对游泳足的外肢一般向内侧伸出一鞭。腹部不分节,为1对扁平长椭圆形的叶片,前半部融合;在二叶中间凹陷的地方有 1 对很小的尾叉,上具刚毛数根。

2. 鱼体病症

鱼体表面形成很多伤口,出血。鱼体消瘦。

3. 寄生部位

鲺常寄生在鱼的体表、口腔、鳃。成虫、幼虫均营寄生生活。

【实验报告】

1. 认真观察并记录患病鱼体的特征。

2. 认真观察并描述显微镜下鱼鲺的结构特征。画出鱼鲺的结构示意图,并注明各个部位的名称。

【注意事项】

注意显微镜的用法,观察顺序是由低倍到高倍。

【思考题】

1. 简述患鱼鲺病的鱼体表症状。

2. 简述鱼鲺是怎样危害鱼体的。

实验 23　石蜡切片的制作

【实验目的】

1. 了解光学显微镜切片制作技术的基本方法步骤。

2. 运用石蜡切片机进行石蜡包埋的组织切片。

【实验原理】

切片法,是利用锐利的刀具将组织切成极薄的片层,材料须经过一系列特殊的处理,如固定、脱水、包埋、切片、染色等,过程十分繁复。在制作过程中,还要经过一系列的物理和化学的处理,这些处理方法可根据各种不同材料的性质要求进行合理选择。切片法虽然工序繁琐,技术复杂,但是,它最能保持细胞间的正常的相互关系,能较好和较长时间地保留细胞的原貌,所以仍然是光学显微镜的主要制片方法。

【实验器具和试剂】

1. 器具

载玻片、盖玻片、切片架、染色盒、烘片机和切片机。

2. 试剂

石蜡、甲醛、二甲苯、无水乙醇、苏木素、盐酸、伊红。

【实验内容】

运用石蜡切片机进行石蜡包埋的组织切片。

1. 取材

新鲜的动物组织。

2. 固定

新配制10%福尔马林和乙醇固定液,以与组织块体积比为 2∶1 的比例,固定 48 h以上。

3. 脱水

表 23-1　不同浓度的乙醇逐级脱水的时间

步　骤	试　剂	浓　度/%	时　间/h
1	乙醇	75	1
2	乙醇	85	1
3	乙醇	95	2～5
4	乙醇	95	2～5
5	乙醇	100	1
6	乙醇	100	2～3
7	乙醇二甲苯(1∶1)混合液	—	0.5

4. 透明

表 23-2　用二甲苯透明的时间

步　骤	试　剂	浓　度/%	时　间/h
1	二甲苯	100	1
2	二甲苯	100	2

5. 透蜡

表 23-3　透蜡所需的时间

步　骤	试　剂	浓　度/%	时　间/h
1	二甲苯石蜡(1:1)混合液	—	0.5
2	石蜡	100	1～2
3	石蜡	100	2～3

6. 包埋

将溶解的石蜡倒入纸盒内,然后将浸蜡组织埋于金属框中央,待冷却后即成坚硬的蜡块。

7. 切片

(1) 修整

修整蜡块形状,切除组织周围多余的石蜡,修整到离组织块 2～3 mm。

(2) 固定

将蜡块固定于切片机头上的夹座内,调整到稍离开切片能够切到的位置上,蜡块组织切面与切片刀口要垂直平行。

(3) 调整

调整蜡块组织切面恰好与刀口接触,旋紧刀架,固定好机头,组织切面恰好与刀口接触。

(4) 调整刀片

根据需要调整切片厚度,约 4～6 μm。

(5) 粗切

摇动切片机手轮先进行修整切片,直到切出完整的最大组织切面后,再进行切制,注意掌握手摇速度。

(6) 细切

右手转动切片机手轮,左手用毛笔托起蜡片,协调地进行切片操作。

(7) 铺片

用眼科镊子夹起蜡带轻轻平铺在 40～45℃ 的水面上,借水的张力和水的温度,将略皱的蜡带自然展平。让切面向下,取载玻片,滴一滴粘片剂(甘油蛋白粘贴剂)于载玻片中央,涂抹成均匀薄层,滴 1～2 滴的蒸馏水在已涂粘片剂的载玻片上。

8. 贴片

将组织切片移至载玻片上,在乙醇灯火焰上方适度加热至蜡片舒展。或放置于预先加热的展片台上。此时蜡片因受热而伸展摊平,温度保持在 40～45℃,将载玻片至温箱中烘干 24 h。烘片前要先在空气中略微干燥,烘片温度 60～65℃。

9. 染色

常用的染色方法是苏木精-伊红(Hematoxylin-Eosin)染色法,简称 H. E. 染色法。这种方法对任何固定液固定的组织和应用各种包埋法的切片均可使用。

取已经干燥的切片,放入盛有二甲苯Ⅰ和Ⅱ的染色缸内脱蜡各 5 min。脱完蜡后的切片即可进行染色。

表 23-4　染色的步骤

步　骤	试　剂	浓　度/%	时　间/min	步　骤	注意事项
1	二甲苯	100	5～15	脱蜡(透明)	
2	二甲苯	100	30		
3	乙醇	100	1	脱二甲苯(复水)	
4	乙醇	95	1		
5	乙醇	95	1		
6	乙醇	90	1		
7	乙醇	85	1		
8	乙醇	70	1		
9	自来水		2		
10	苏木精		5～10	用苏木精染色	用苏木精液染细胞核 10 min,再用盐酸乙醇分色
11	自来水		1		
12	盐酸乙醇	1	0.5～1		
13	自来水		5		
14	乙醇	50	1	用伊红染色	
15	乙醇	70	1		
16	乙醇	85	3～5		
17	乙醇	95	3～5		
18	伊红乙醇液	0.5	0.5～2		
19	乙醇	100	3～5	脱水	
20	乙醇	100	3～5		

10. 透明

表 23-5　透明的步骤

步　骤	试　剂	浓　度/%	时　间/min
1	二甲苯石炭酸(3∶1)混合液	—	1
2	二甲苯	100	3～5
3	二甲苯	100	5

11. 封藏

切片上滴以中性树胶,然后覆上盖玻片,标本即可长期保存。

【实验报告】

撰写实验报告,包括实验目的、方法、结果和实验收获和心得(不少于 800 字)。

【注意事项】

1. 切片机应放置平稳,切片刀、蜡块应安装牢固,否则因震动而出现切片褶皱或厚薄不均。

2. 切片时要及时清洁刀口、除去蜡屑,否则易引起切片破碎。

3. 切片刀与蜡块切面的倾斜角以 5°～10°为宜,过大则切片上卷,不易连接成蜡带;过小则切片皱起。

4. 切片时摇动旋转轮速度不可过快,用力均匀、平稳。

5. 展片时的水温在 42～48℃之间,一般以 45℃最宜;另外,还应及时清洁水中的蜡屑等杂物,防止污染切片。

6. 注意染色时间根据染色效果进行调整。

【思考题】

1. 制作三片石蜡组织切片。

2. 思考如何使石蜡切片染色效果最好。

参 考 文 献

冯美菊. 2010. 微生物实验技术与临床[M]. 郑州：郑州大学出版社.

黄琪琰. 2007. 水产动物疾病学[M]. 上海：上海科学技术出版社.

林浩然. 2007. 鱼类生理学[M]. 广州：中山大学出版社.

钱存柔, 黄仪秀. 2000. 微生物学实验教程[M]. 北京：北京大学出版社.

宋振荣. 2009. 水产动物病理学[M]. 厦门：厦门大学出版社.

中国兽医协会组织. 2012. 2012 年执业兽医资格考试应试指南（水生动物类）[M]. 北京：中国农业出版社.

后 记

　　"观赏水族疾病防治学"是水族科学与技术专业本科生教学计划中的必修课程,包括理论课和实验课,但多年来一直没有合适的实验教材。编者结合多年的教学、科研和养殖实践积累了一些素材,在编者指导的研究生们(上海海洋大学临床兽医学专业 2009 级的马召腾、蒋鑫、雷洁、陈彦伶,2010 级的牟群、王伟喆、张瑶,2011 级的王爱卿、刘译浓、邱进,2012 级的郑佳瑞)的帮助下,一起完成了本书的编写。

　　长期以来,学生熟识水族宠物病原的文字描述和模式图,但是对显微镜下的实物却并不熟识,针对这一不足,本书多采用活体标本或切片的照片来进行讲解,希望能给相关专业的教师和学生提供参考。

上海海洋大学　潘连德

2013 年 5 月